"十四五"职业教育部委级规划教材

浙江省高职院校"十四五"重点立项建设教材

女装高级定制

主　编　曹　桢
副主编　富鹏博　徐湘丽　程锦珊

中国纺织出版社有限公司

内 容 提 要

本书为"十四五"职业教育部委级规划教材、浙江省高职院校"十四五"重点立项建设教材，旨在培养女装高级定制专业人才。

本书是以项目引领、任务驱动的形式进行编写的，从高级定制就业岗位入手，依据产品定制要求，直接应用相应知识技术，使读者熟悉从量体、服装制板到服装工艺缝制的完整流程，了解人体的测量方法，掌握服装制图的知识和方法，学习女装高级定制的缝制专业技能。

本书既可作为纺织服装院校师生的教材使用，也可供广大服装爱好者阅读借鉴。

图书在版编目（CIP）数据

女装高级定制 / 曹桢主编 ；富鹏博，徐湘丽，程锦珊副主编 . -- 北京 ：中国纺织出版社有限公司，2025. 6. --（"十四五"职业教育部委级规划教材）. -- ISBN 978-7-5229-2766-4

Ⅰ . TS941.717

中国国家版本馆 CIP 数据核字第 2025PU0833 号

责任编辑：苗 苗 责任校对：高 涵 责任印制：王艳丽

中国纺织出版社有限公司出版发行

地址：北京市朝阳区百子湾东里 A407 号楼 邮政编码：100124

销售电话：010—67004422 传真：010—87155801

http ://www.c-textilep.com

中国纺织出版社天猫旗舰店

官方微博 http ://weibo.com/2119887771

北京通天印刷有限责任公司印刷 各地新华书店经销

2025 年 6 月第 1 版第 1 次印刷

开本：787×1092 1/16 印张：6.75

字数：150 千字 定价：68.00 元

凡购本书，如有缺页、倒页、脱页，由本社图书营销中心调换

前言

在当今社会，随着人们对时尚与个性化需求的日益增长，高级定制行业迎来了前所未有的发展机遇。《女装高级定制》旨在深入探讨这一领域的独特魅力、制作工艺、市场趋势及高技能人才的培养与发展。

近年来，国家高度重视职业教育的发展，出台了一系列政策以推动职业教育与产业发展的深度融合。特别是在服装行业，国家不仅鼓励创新设计，还强调传统工艺与现代科技的结合，以提升行业整体竞争力。例如，《中华人民共和国国民经济和社会发展第十四个五年规划和2035年远景目标纲要》明确提出，要在服装等消费品领域培育一批高端品牌，这为我国女装高级定制行业的发展指明了方向。女装高级定制作为服装行业的高端领域，对高技能人才的需求尤为迫切。这些人才不仅需要具备精湛的手工技艺和优秀的创新能力，还需要拥有对市场趋势的敏锐洞察力和良好的客户服务意识。因此，国家及地方教育部门积极推动职业教育改革，旨在培养一批既懂技术又懂市场的复合型人才。

针对上述问题，国家及地方教育部门明确了高技能人才的培养目标方针。一方面，要培养具备精湛技艺和优秀创新能力的技术型人才；另一方面，要注重提升学生的综合素质和职业素养，使其能够适应市场的多元化需求。在女装高级定制领域，这一方针尤为关键，因为它直接关系到行业的创新能力和市场竞争力。

《女装高级定制》分为三个项目，项目一主要介绍旗袍制板、工艺与传统盘扣的手工制作；项目二主要介绍礼服制板、工艺；项目三主要介绍西服裙制板、工艺。通过传统与现代工艺相结合，深入探讨女装高级定制行业的独特魅力，同时关注高技能人才的培养与发展。在国家职业教育政策的指引下，我们将不断努力，为推动高级定制行业的持续发展和人才技能的全面提升贡献自己的力量。

由于编者时间和水平有限，本书难免有遗漏和不足之处，敬请广大读者提出宝贵的意见和建议。

编者
2025年1月

目录

旗袍高级定制

任务一　人体与旗袍测量

一、人体测量部位、方法

（1）身高：赤足，从头顶点至地面的垂直距离。

（2）坐姿颈椎点高：被测者直坐于凳面，用人体测高仪测量自第七颈椎点至凳面的垂直距离。

（3）颈围：用软尺测量经第七颈椎点处的颈部水平围长。（颈部水平方向围量一周）

（4）颈根围：用软尺经第七颈椎点、颈根外侧点及颈窝点测量的颈根部围长。

（5）肩宽：被测者手臂自然下垂，测量左右肩峰点之间背部的水平弧长。

（6）胸围：被测者直立，正常呼吸，用软尺经肩胛骨、腋窝和胸高点测量的最大水平围长。（用软尺绕胸高点水平位置围量一周）

（7）下胸围：身体站直，将软尺绕胸部最底部围量一周。

（8）乳位高：由肩颈点向下量至乳点的体表长度。

（9）乳间距：从左乳点水平量至右乳点的距离。

（10）腰围：被测者直立，在腰部最细处，用软尺水平围量一周。

（11）臂围：被测者直立，手臂自然下垂，经腋窝下部测量上臂最粗处的水平围长。

（12）颈椎点至膝长：被测者直立，自第七颈椎点至膝弯处（胫骨）的垂直距离。

（13）颈椎点高：被测者直立，自第七颈椎点至地面的垂直距离。

（14）前腰长：自颈根外侧点经胸点，再至腰围线所得的曲线距离。

（15）后腰长：自第七颈椎点沿脊柱曲线至腰围线的曲线长度。

（16）臂长：被测者直立，手臂自然下垂，自肩峰点至尺骨茎突点的直线距离。

（17）臀围：在臀部最丰满处围量一周的长度。

具体人体测量部位见图1-1-1。

二、旗袍尺寸测量注意事项

旗袍要做得舒适合体，必须按每个人的体型测量出原型尺寸，然后根据身体各部位的需

颈围
颈根围
肩点
乳位高
前腰长
乳间距
上臂围
胸围
臂长
下胸围
腰围
臀围
身高

第七颈椎点
肩点
肩宽
后腰长
颈椎点至膝长
颈椎点高

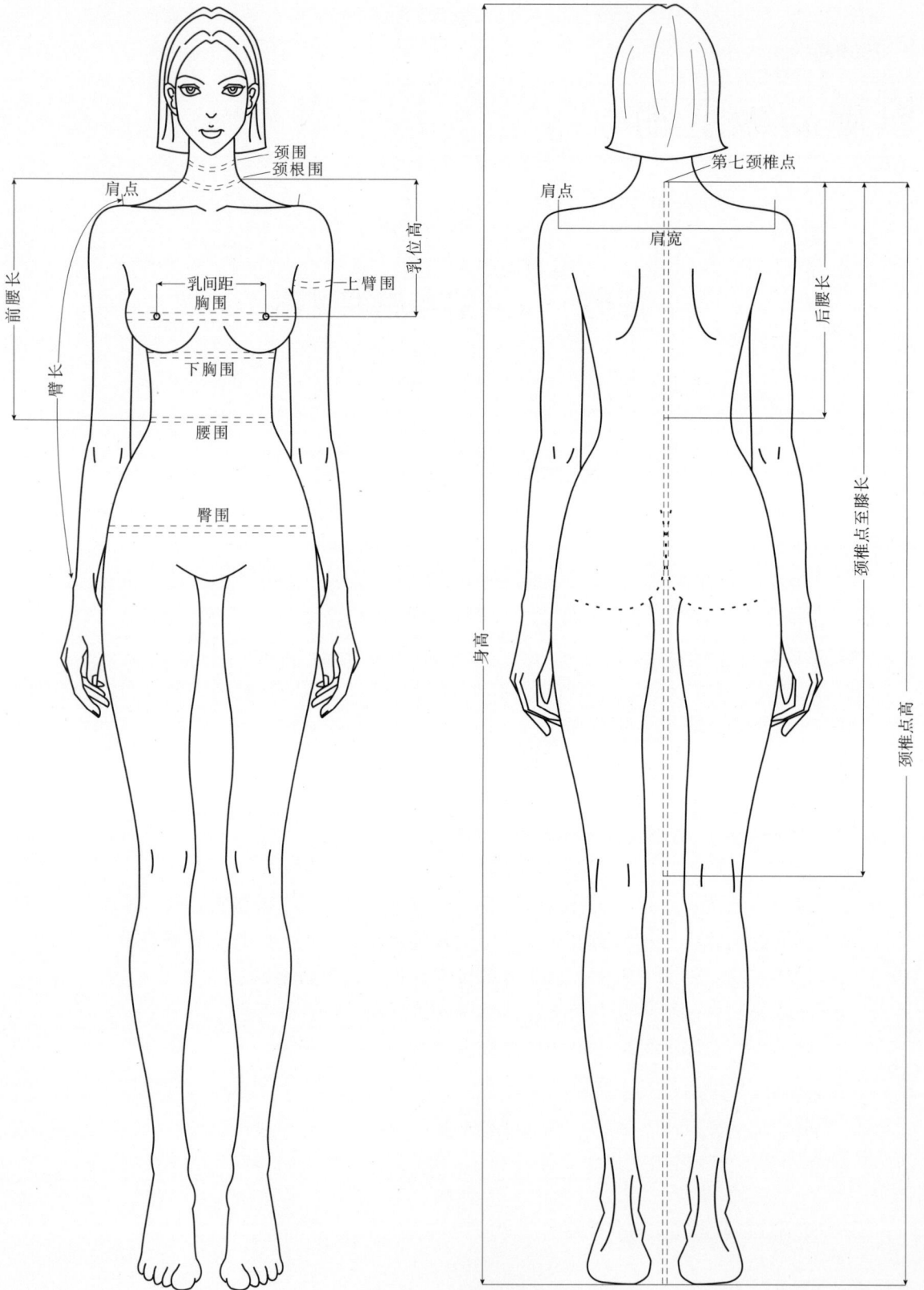

图1-1-1　人体测量部位

要适当加放松量。原型是服装制图的基础，测量原型尺寸应注意以下几点：

（1）被量者只能穿一件内衣。

（2）被量者自然站立。站立时，手臂自然下垂，呼吸正常。

（3）测量者用尺子手法要准，测量时尺子不能过松或过紧。测量围度时，一定要注意尺子的水平线。测量衣长时，要根据被测者的爱好确定长度。测量肩宽时，要找准肩骨的外端。测量袖长时，要找准肩点。

（4）测量者对被量者的身体特征要仔细观察，做好记录。从正面观察时，应注意肩部的形状，如是正常肩，还是特体肩；从侧面观察肩位时，应注意是正常肩位，还是偏移肩位；观察脚部和背部时，应注意是正常体型的脚和背，如是否挺脚、驼背；观察下乳峰、乳距时，要观察下乳峰的高低，乳间距的大小；观察下腹部和臀部时，应注意是正常体型的腹和臀，还是臀大腹小，或腹大臀小，抑或是臀、腹都大。

要裁剪一件合体的旗袍，必须观察体型特征，并根据体型特征进行裁剪。

三、旗袍成品规格设置

旗袍一般为合体型服装，展示女性的曲线之美，因此旗袍成品规格与人体的胸、腰、肩、臂、臀部位的尺寸有着密切的关系。相对于衬衫、外套等服装的放松量，旗袍放松量要小很多，主要在胸、腰、衣长等部位加放合适的松量。

市场上旗袍的规格大多是按大众化的体型设置的。每个人的体型都有各自的特点，而旗袍属于较合体、修身的服装，所以旗袍"三围"（胸围、腰围、臀围）应在满足活动的基础上减少放松量。

1.胸围、腰围、臀围与下摆的放松量

胸围的放松量与整个旗袍的款式造型相关，由于旗袍比较合体，胸围在原型的基础上一般加放松量4～8cm；腰围与臀围在原型的基础上一般加放松量4～6cm。一般胸、腰、臀同时放量，下摆往里收，通常利用两侧高开衩来解决下摆窄小、行动不便的问题。

2.领子造型与领围放松量

旗袍领多为立领，经典款式尺寸放松量在4～6cm，随着现代旗袍款型的多变，旗袍领呈现多种形式，有贴合人体颈部的立领，有反常规的下窄上宽的敞领，甚至有夸张造型的立领等。领子的外缘造型也变化丰富，除了圆角的立领外，还有方角、尖角的立领，以及翻领等。

3.袖型的选择与放松量

旗袍的袖子有连袖与装袖之分，连袖多为露臂的旗袍，造型活泼、随意，是一种美观实用的旗袍袖型。另一种是装袖式，通常一片袖比较多，也会有两片袖。短袖旗袍一般采用一片袖，尺寸合体，仅略松于手臂围度，袖山取值一般在AH/3左右；长袖或五分以上的袖一般采用两片袖，两片袖的结构更加符合人体手臂略向前倾的结构特点。

任务二 旗袍结构设计

一、旗袍款式说明（图1-2-1）

正面　　　　　背面

图1-2-1　旗袍正背面款式图

本款为合体型旗袍，领型为中式立领，袖子为短袖，前片收腋下省及胸腰省，后片收腰省；偏门襟，钉三对中式盘扣，右侧缝绱拉链，两侧开衩。领上口、偏门襟处、袖口、开衩及底边处采用绲边镶嵌工艺。

二、旗袍规格尺寸（表1-2-1）

表1-2-1　成品规格尺寸

单位：cm

号型	后中长	背长	肩宽（S）	领围（N）	胸围（B）	腰围（W）	臀围（H）
160/84A	130	38	38	41	88	72	93

三、旗袍结构制图（图1-2-2）

1.旗袍裙片结构制图步骤

（1）后裙片结构制图：

①后上平线：画出后裙片的后上平线。

②后中心线：垂直于后上平线，向下量取2.3cm作为后领深点，以后领深点作为后中心点，再垂直向下画出130cm后中心线长。

③后下平线：垂直于后中心线，从后中心线的最下端向右画水平线，作为后下平线。

④腰围线：从后中心点开始，沿后中心线向下量取背长的距离并水平向右画出腰围线。

⑤臀围线：腰围线向下量取22.5cm，水平画出臀围线。

⑥胸围线：自后上平线向下量取（B/5）+6.5~7cm，水平画出胸围线。

⑦后领宽：从后中心点向右水平量取（N/5）-0.5cm，定出后领宽点。

⑧后领圈弧线：将后领宽点和后中心点用弧线画顺，注意该弧线靠近后中部分应与后中心线局部垂直。

⑨后肩线：从后领宽点开始，沿着后上平线向右量取 15cm，再垂直向下量 5.2cm取一点，将该点与后领宽点相连，得到后肩斜线。在该肩斜线上量取距后中心线水平距离为S/2的点，即为该款旗袍的肩端点。后领宽点与该肩端点的连线即为后肩线，后肩线长用△表示。

⑩后片腰省位置：取后片腰围的1/2，作为省中心点，上省尖点在胸围线上方3cm处，下省尖点在臀围线上方5~6cm处。

⑪后片腰省省量：3cm。

⑫后腰省省道线：连接上省尖点、左右省端点、下省尖点，形成左右两条省道线。

⑬后袖窿弧线：在胸围线上从后中心线方向向右量取（B/4）-0.5cm+◎，作为后袖窿底点，将肩端点与后袖窿底点用弧线相连，形成后袖窿弧线，调整至圆顺。

⑭后侧缝线：在腰围线上从后中心线方向向右量（W/4）-0.5+3cm得到第一个点，在臀围线上从后中心线方向向右量取H/4得到第二个点；在第二点处向下作臀围线的垂线，垂线长70cm，在此垂线末端向后中心线方向水平取5cm，得到第三个点。连接三个点，并延长至与下平线相交，在交点处向上取0.5cm，作为侧缝下摆点，此连接线即为侧缝线，四点顺畅连线得后侧缝线。

⑮下摆线：沿下平线将侧缝下摆点与后中心线连接，连顺形成后下摆弧线。

（2）前裙片结构制图：

①前上平线：在后上平线的基础上抬高0.5~1cm，画一条水平线作为前上平线。

②前中心线：从距离后中心线向右至少60cm处开始，垂直于前上平线向下画前中心线。

③胸围线、腰围线、臀围线、前下平线均由后片相应线条向右延长至前中心线而得到。

④前领深：自前上平线沿前中心线向下量取（N/5）+0.3cm，水平画线作为前领深线，前领深线与前中心线的交点作为前中心点。

⑤前领宽：沿前上平线向左量取（N/5）-1cm，定出前领宽点。

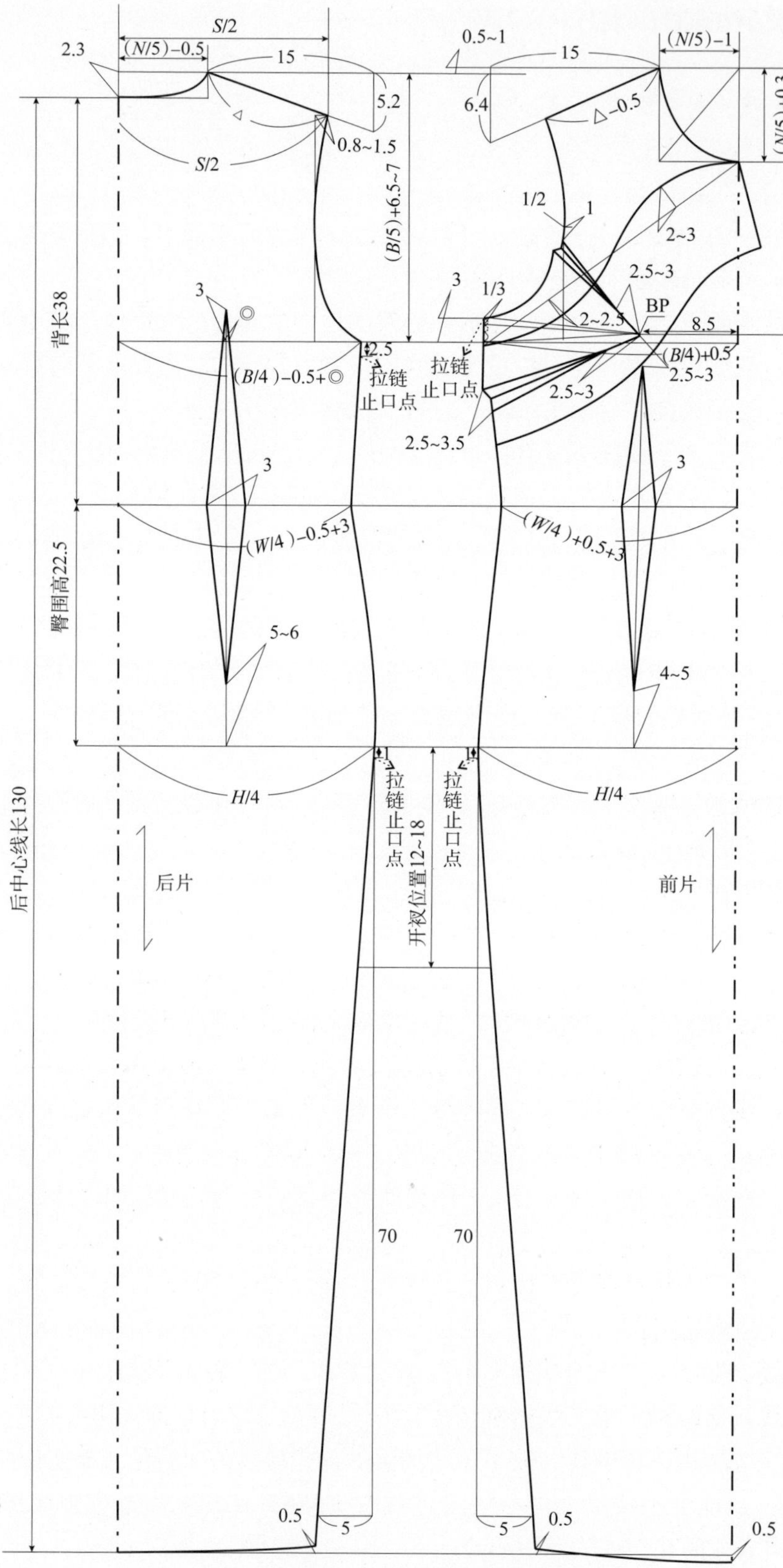

图1-2-2 旗袍前后裙片结构制图（单位：cm）

⑥前领圈弧线：以（N/5）−1为宽，（N/5）+0.3为长作矩形，画出矩形对角线并将其三等分，弧线连接前领宽点与前领深点并且与矩形对角线的1/3处相交，靠近前中部分与前中心线的线条局部垂直，则此弧线即为前领圈弧线。

⑦前肩线：从前领宽点开始，沿着上平线向左量取15cm，再垂直向下量取6.4cm取一点，将该点与前领宽点相连，得到前肩斜线。从前领宽点开始沿着该肩斜线向下量取后肩线长度（△）减0.5cm的量定出前片肩端点，前领宽点与该肩端点的连线即为前肩线。

⑧前衣片宽：在胸围线上从前中心线开始向左量取（B/4）+0.5cm，定出前袖窿底点。

⑨胸高点：前上平线向下24.9cm与前中心线向左8.5cm相交的点便是胸高点（BP点）。

⑩新前袖窿底点：以BP点为圆心，原前袖窿底点与BP点的连线向上旋转，与抬高3cm的水平辅助线相交，定出新前袖窿底点。

⑪前袖窿弧线：连接前肩端点和新前袖窿底点，形成前袖窿弧线，调整前袖窿弧线至圆顺。

⑫胸省：将胸省的1/3转移为袖窿省，2/3转移为腋下省。在胸宽线上的1/2向下1cm处取一点与BP点相连接，形成一条线段，则这条线段即为袖窿省的省中心线。

⑬小襟上口线：以前中心线与前领深的交点作为起点，前袖窿底点处向下3cm的点作为终点，连接两点画一条直线，并在直线上侧的1/4处向上画一条2~3cm的垂线，在直线的下侧的1/4处向下画一条2~2.5cm的垂线，连接四个点画出弧线，即为小襟上口线。

⑭小襟下口线：将小襟上口线向右下平移作为小襟下口线，以BP点为起点，在距离小襟下口线至少3cm的位置调整弧线，小襟下口线右侧端点垂直（近似）于小襟上口线右侧端点，调整弧线直至圆顺。（小襟片腋下省省道合并）

⑮腋下省：从前衣宽的位置向下6.5~7cm取一点，将该点与BP点相连形成省道插入的位置辅助线，将胸省的2/3转移至腋下省，完成省道转移，省中心线上距离BP点3cm处为新省尖点，重新画出新省道线，形成腋下省。

⑯侧缝线：连接新腋下点和腋下省的上省尖点，形成侧缝的一部分；另一部分则是从上省尖点连折线至省中心线，再连接腰围线上自前中心线向左量取的（W/4）+0.5+3cm的点、臀围线上自前中心线向左量取的H/4cm的点、下摆外侧向右收进5cm并上抬0.5cm的侧缝下摆点，完成侧缝线。

⑰前腰省：沿着腋下省的省中心线距离BP点1cm处垂直向下2.5~3cm取一点为腰省的上省尖点，距离臀围线4~5cm处为下省尖点。省量为3cm，分别画出左右两条省道线。

⑱裙片前中线：自前中心点向下垂直画单点划线，并向下延长0.5cm。

⑲前裙片下摆线：将前中心线下落0.5cm处与侧缝线底端上抬0.5cm处连顺即可。

（3）袖子结构制图：

①袖中线：作竖直向下的直线为袖中线。

②上平线：在袖中线上端作一直线与其垂直，为上平线，两者的交点为袖山顶点。

③袖肥线：上平线向下AH/3作一水平直线，作为袖肥线。

④前袖山斜线：由袖山顶点向右量前AH−0.5cm作直线与前袖肥端点相交，该线即为前袖山斜线。

⑤后袖山斜线：由袖山顶点向左量后 AH-0.3cm 作直线与后袖肥线端点相交。

⑥前袖山弧线：在前袖山斜线上方 1.9cm 处画一条平行线作为辅助线。将前袖山斜线 2 等分，自中点向下 1cm 处取一点。弧线连接袖山顶点与该点，并与前袖山斜线的平行线相切，再弧线连接该点与前袖肥端点。画顺前袖窿弧线。

⑦后袖山弧线：在后袖山斜线上方 1.9cm 处画一条平行线作为辅助线。将后袖山斜线 3 等分，自 1/3 点向上 1cm 处取一点，弧线连接袖山顶点与该点，并与后袖山斜线的平行线相切，再弧线连接该点与后袖肥端点。画顺后袖窿弧线。

⑧袖口线：在前袖肥线端点向下 2.5cm、向内 0.8cm 取一点，在后袖肥线端点向下 2.5cm、向内 0.8cm 取一点，连接两点并画顺形成袖口线。

旗袍袖子结构制图如图 1-2-3 所示。

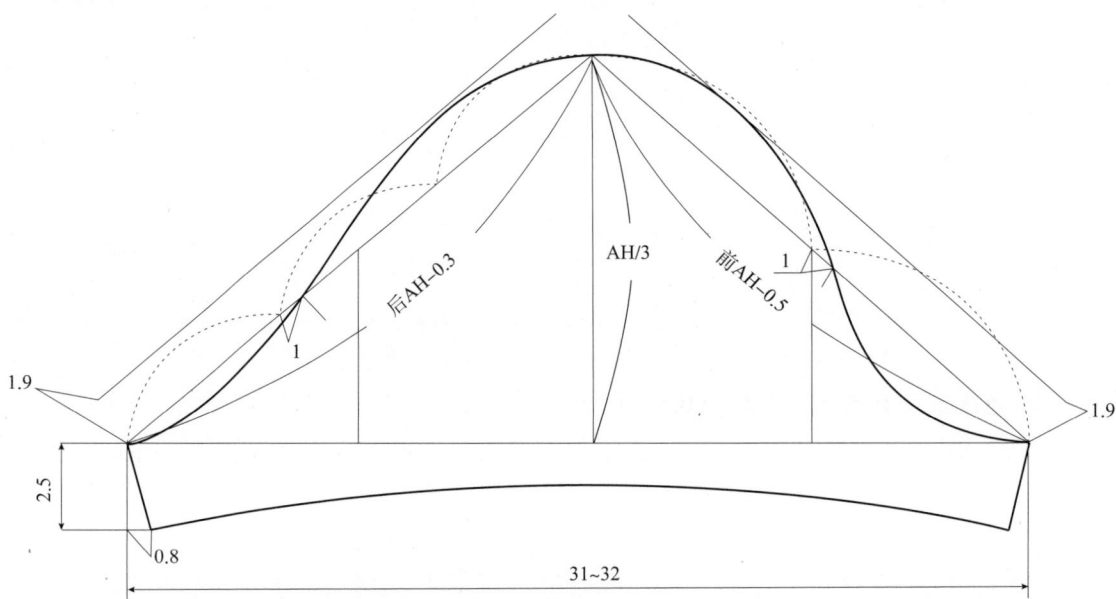

图1-2-3　旗袍袖子结构制图（单位：cm）

（4）领子结构制图：

①领下口线：作一水平直线为领下口线。

②领宽线：作一直线垂直于领下口线，即为领宽线。

③后领中线：在领下口线上，以前领线为起点量取前领弧长 + 后领弧长长度，在此处作直线垂直于领下口线。

④领上口线：在后领中线上向上量取 4cm，作一条线平行于领下口线，则这条线即为领上口线。

⑤前领线起翘辅助线：从前领线开始向右量取前领弧长的 1/2 处取一点，再在前领线距领下口线 2.4 ~ 2.5cm 处取一点，连接两点所得的线即为前领线起翘辅助线。

画顺领上口线与领下口线，得到旗袍领部结构图（图 1-2-4）。

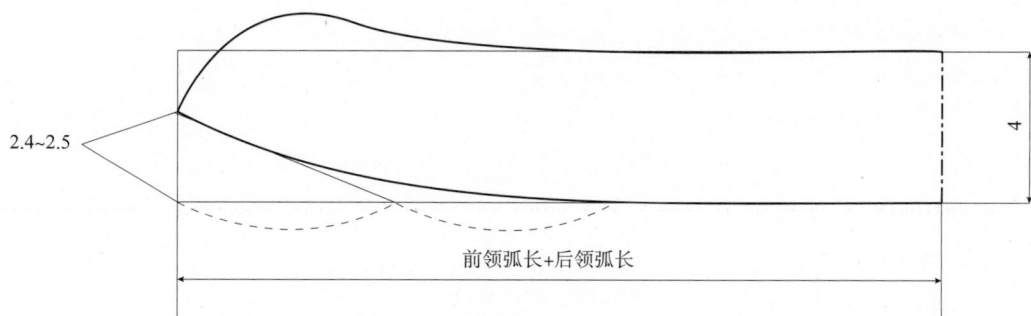

图1-2-4　旗袍立领结构制图（单位：cm）

（5）绲条的结构制图：取布料斜丝45°，绲条宽4cm，长400cm。中间可断开，可拼接（图1-2-5）。

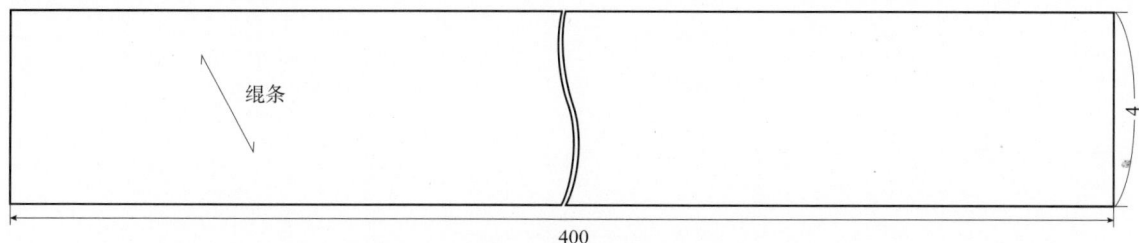

图1-2-5　旗袍绲条结构制图（单位：cm）

2.旗袍放缝、打剪口、做标记的要领

（1）放缝：根据工艺不同，旗袍放缝的方法也有所不同，现结合本款进行相关说明。

领底弧线及领圈弧线，侧缝、肩缝、小襟下口放缝1cm，小襟前中、开衩部位放缝0.1cm，采用绲边工艺。

（2）打剪口：缝份大于或小于1cm的部位要打剪口。绲领对位点、绲拉链起始点及开衩位置、省中心的位置也应打剪口。

（3）钻眼：在距离腰省省尖1cm，腰省左右端点向省中心点方向取0.3cm的位置钻眼；腋下省省尖的钻眼也向里缩进1cm，目的是使缝制后看不到钻眼位。

3.旗袍面料的配置要领

（1）面料丝绺要保持一致。

（2）绲边部分缝份为0.1cm（图1-2-6）。

4.旗袍里料的配置要领

（1）里料的丝绺与衣身相同。

（2）里料宜大不宜小，四周可以在原缝份的基础上再放出0.2cm左右的量作为松量，目的是防止里料小而牵制面料，影响服装外观造型（图1-2-7）。

120

170

领子面料×1

领子面料×1

袖片面料×1

袖片面料×1

小襟面料×1

前片面料×1

后片面料×1

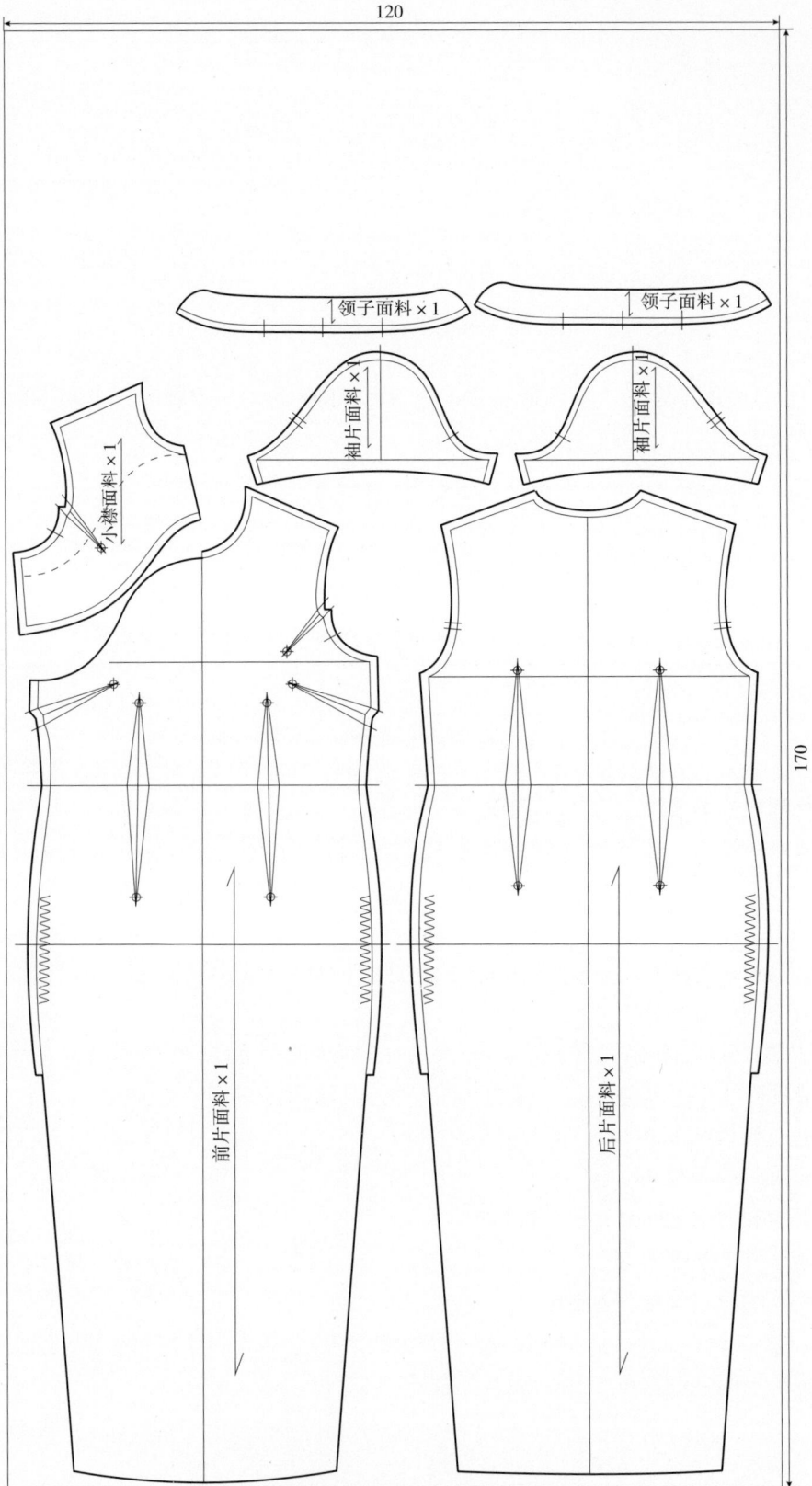

图1-2-6　旗袍面料配置（单位：cm）

前片里料×1

袖片里料×1

小襟里料×1

后片里料×1

袖片里料×1

120

180

绲条

绲条

绲条

绲条

120

180

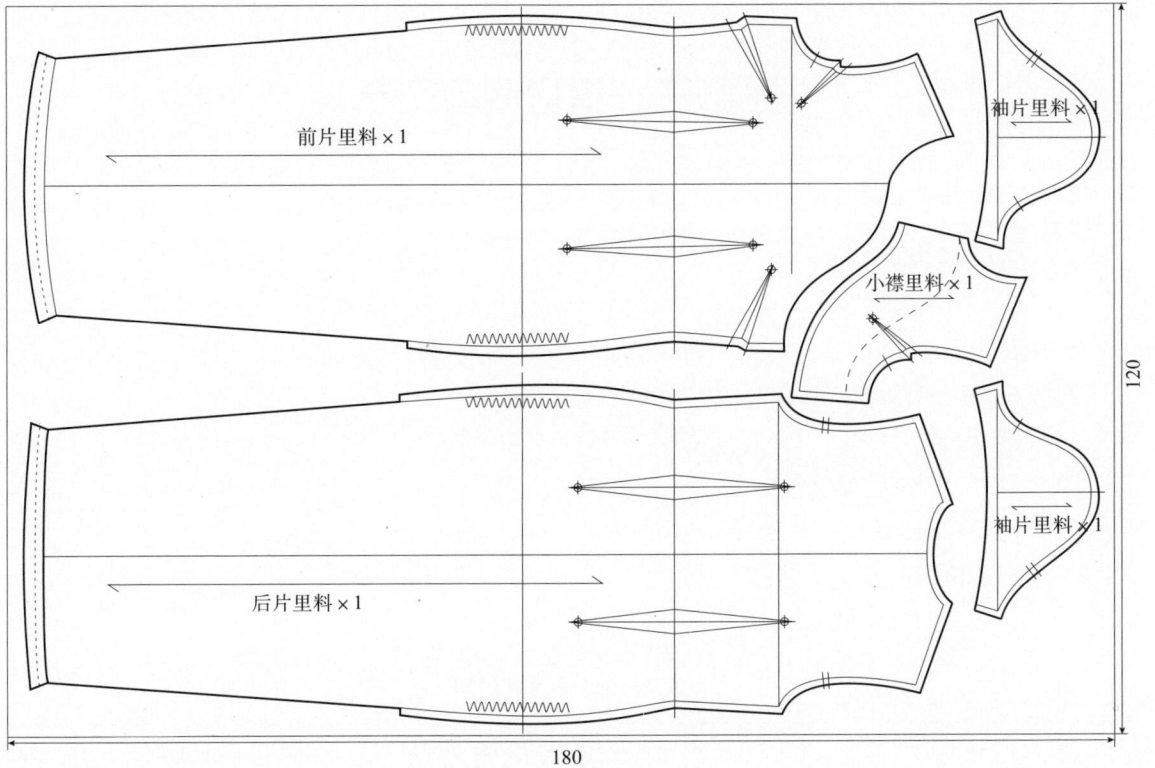

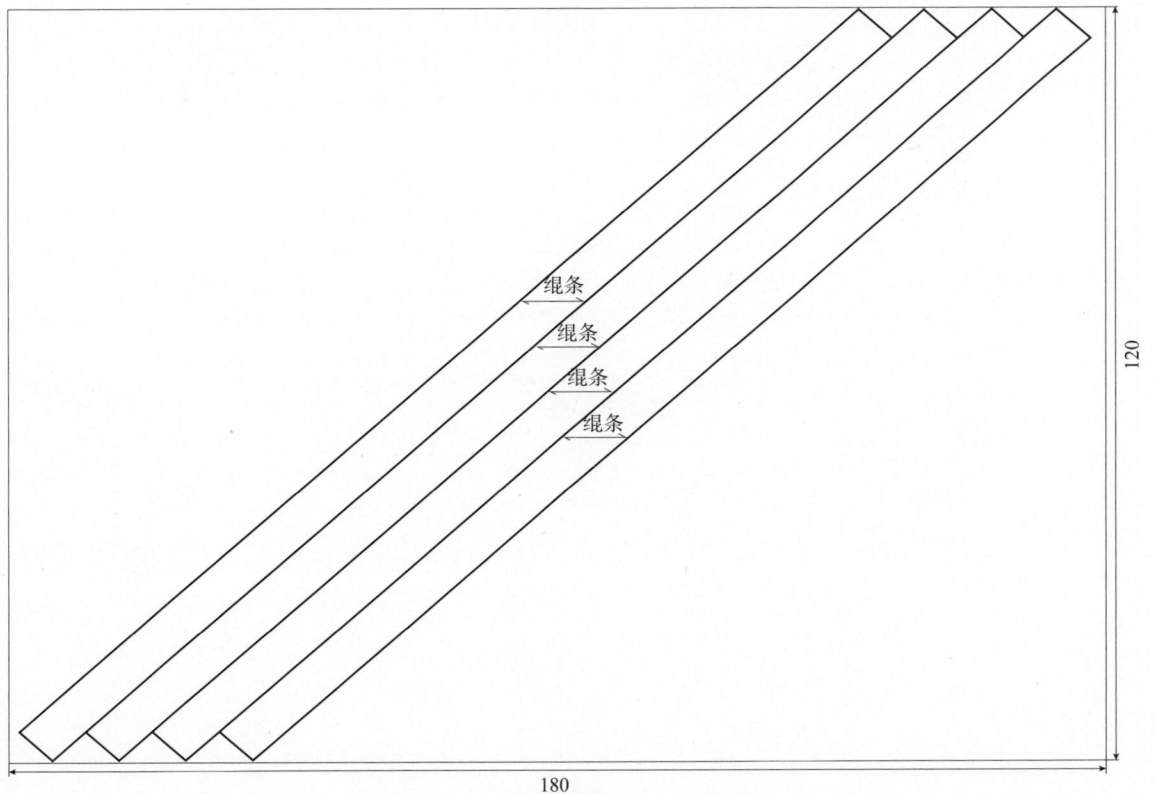

图1-2-7 旗袍里料配置（单位：cm）

任务三　旗袍裁剪工艺

一、旗袍材料准备

1.面料
真丝织锦缎，面料长度180cm，幅宽120cm（表1-3-1）。

2.辅料
（1）里料：75D墨绿色色丁。

（2）衬料：黏合衬。

（3）扣紧材料：拉链、盘扣。

（4）其他：45°斜丝绳条，金色布料。

表1-3-1　旗袍材料

材料		名称	数量
面料		前裙片	1片
		后裙片	1片
		里襟	1片
		袖子	2片
		领子	2片
辅料	里料	前裙片	1片
		后裙片	1片
		里襟	1片
		袖子	2片
	衬料	黏合衬（150cm）	1片
	扣紧材料	拉链（65cm）	1条
		盘扣	3副
	其他	斜丝绳条（400cm）	1条

二、旗袍排料与裁剪（图1-3-1、图1-3-2）

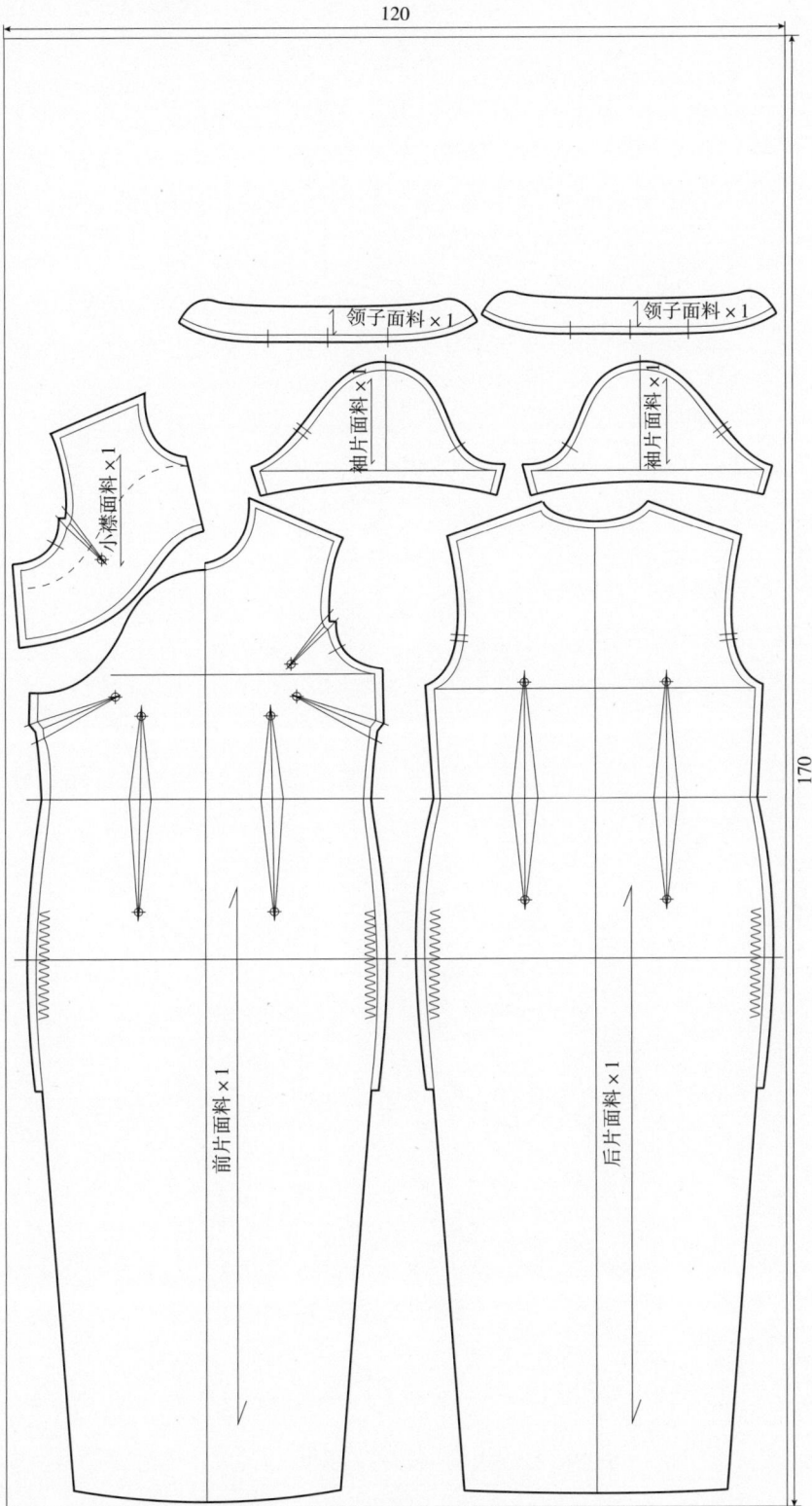

图1-3-1 旗袍面料排料（单位：cm）

前片里料×1

袖片里料×1

小襟里料×1

后片里料×1

袖片里料×1

120

180

绲条

绲条

绲条

绲条

120

180

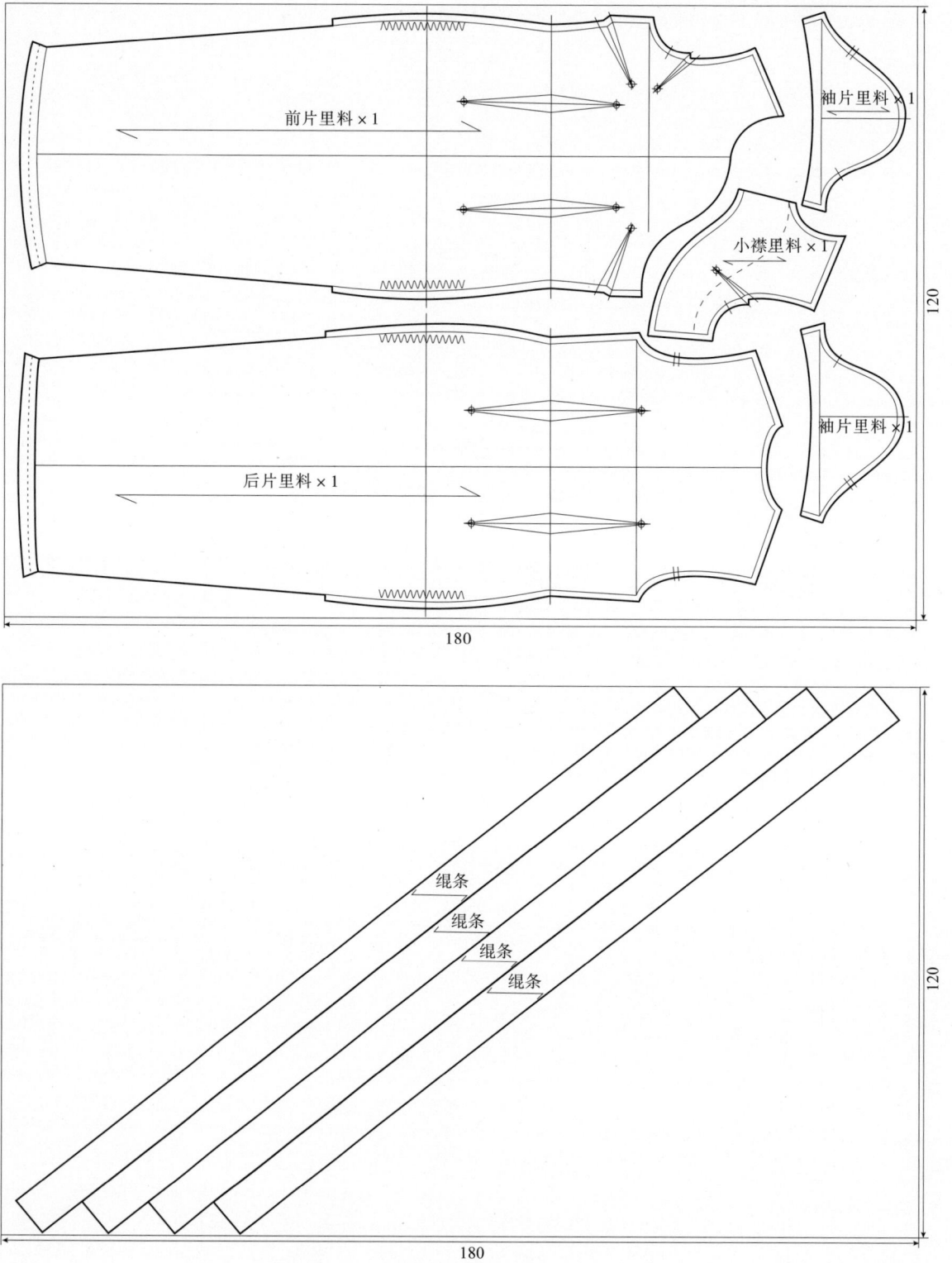

图1-3-2　旗袍里料排料（单位：cm）

任务四 旗袍缝制工艺

一、旗袍缝制工艺流程（图1-4-1）

样板、面料的修剪→绲条制作与熨烫→面、里料收省与归拔→裁片粘衬和牵条的熨烫→宝剑头熨烫制作→前后衣身拼合→绱拉链→侧缝、衣领熨烫→下摆、拉链、袖窿里布、里襟、两侧开衩里料的固定→绲条手工缲边→绱袖→袖窿、门襟领口绱绲条。

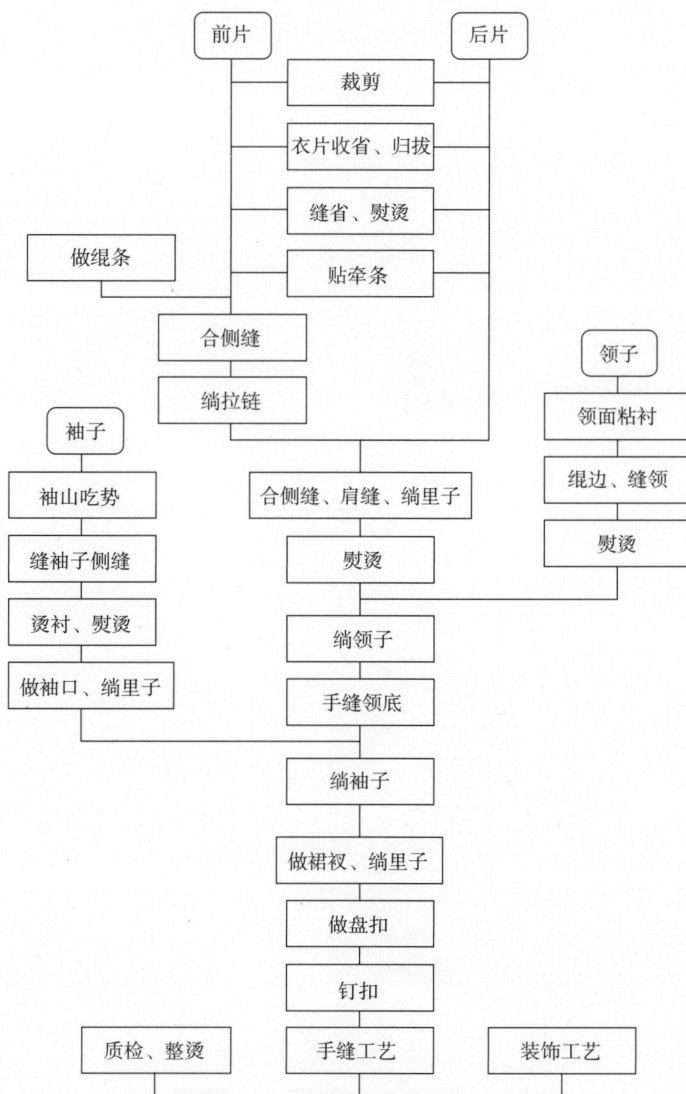

```
                  ┌────────┐          ┌────────┐
                  │  前片  │          │  后片  │
                  └───┬────┘          └───┬────┘
                      │   ┌────────┐      │
                      ├───┤  裁剪  ├──────┤
                      │   └────────┘      │
                      │ ┌──────────────┐  │
                      ├─┤衣片收省、归拔 ├──┤
                      │ └──────────────┘  │
                      │ ┌──────────┐      │
                      ├─┤ 缝省、熨烫├──────┤
                      │ └──────────┘      │
   ┌────────┐         │ ┌────────┐        │
   │ 做绲条 │         ├─┤ 贴牵条 ├────────┤
   └────────┘         │ └────────┘
                ┌─────┴─────┐
                │  合侧缝   │
                └─────┬─────┘
                ┌─────┴─────┐
                │  绱拉链   │
                └─────┬─────┘
   ┌────────┐         │                       ┌────────┐
   │  袖子  │         │                       │  领子  │
   └───┬────┘         │                       └───┬────┘
  ┌────┴─────┐ ┌──────┴──────────┐      ┌─────────┴──────┐
  │ 袖山吃势 │ │合侧缝、肩缝、绱里子│      │   领面粘衬     │
  └────┬─────┘ └──────┬──────────┘      └─────────┬──────┘
  ┌────┴─────┐   ┌────┴────┐            ┌─────────┴──────┐
  │缝袖子侧缝│   │  熨烫   │            │  绲边、缝领     │
  └────┬─────┘   └────┬────┘            └─────────┬──────┘
  ┌────┴─────┐   ┌────┴────┐            ┌─────────┴──────┐
  │烫衬、熨烫│   │ 绱领子  │            │    熨烫        │
  └────┬─────┘   └────┬────┘            └────────────────┘
 ┌─────┴──────┐  ┌────┴─────┐
 │做袖口、绱里子│  │ 手缝领底 │
 └─────┬──────┘  └────┬─────┘
       └────┬─────────┘
       ┌────┴────┐
       │ 绱袖子  │
       └────┬────┘
  ┌─────────┴─────────┐
  │ 做裙衩、绱里子    │
  └─────────┬─────────┘
       ┌────┴────┐
       │ 做盘扣  │
       └────┬────┘
       ┌────┴────┐
       │  钉扣   │
       └────┬────┘
  ┌────────┬┴────────┬────────┐
┌─┴────┐┌──┴────┐┌───┴────┐
│质检、││ 手缝  ││ 装饰   │
│整烫  ││ 工艺  ││ 工艺   │
└──────┘└───────┘└────────┘
```

图1-4-1 旗袍缝制工艺流程

二、旗袍缝制前准备

1. 针号和针距

针号为11号；针距为13～14针/3cm，并调节底面线松紧度。

2. 压脚

单边压脚宽0.3cm，双边压脚宽0.5cm。

3. 止口处理

制作绲条，全部绲边。

三、旗袍缝制步骤（表1-4-1～表1-4-26）

表1-4-1　旗袍样板的修剪与注意事项

（1）旗袍样板预留缝位。在下面垫一张纸，使面料和纸样之间有更多摩擦力，便于裁剪的时候固定面料，减少误差。

（2）对折样板，核对缝位。将面、里料两片纸样对折，上下叠在一起。以后片为基准，将面、里料纸样进行校对。将面、里料纸样的胸围线、腰围线、臀围线和开衩位延长到纸样边缘。

（3）将面、里料的胸围线、腰围线和臀围线对齐。开衩位有差量，控制在0.8~1cm。

（4）面、里料开衩位的差距是里料的松量，0.8~1cm的松量是防止面布起吊。

表1-4-2 旗袍面料裁剪的注意事项

注意花纹、花朵向上

（1）将面料边缘对准纸样的边缘铺平。铺面料时考虑面料花纹的方向要一致，以及是否正面朝上。

（2）将纸样放在花型朝上的方向上。以前中心线为对称轴对折，找到后中心对应的花位。

（3）以两朵花的中间为基础，量到布边的距离为29.5cm。

注意：测量中心点到布边的距离是29.5cm。

（4）将纸样摊开，量取中心线位置到布边的距离为29.5cm。

（5）旗袍比较长，需要测量裁片后中心线的上、中、下三点与布边的距离，确定纱向是否对齐。为了达到较为精确的排板，用压铁压住两端。

（6）确定后片领口的花位方向是向上的，准备工作就绪，下一步进行裁剪工作。

表1-4-3 旗袍后片裁剪与点位

找花点

（1）找准旗袍纸样后中心线位置后，再寻找准确的花位点。拿剪刀的时候注意手势，左手在边上辅助，剪刀要垂直下落，避免面料和纸样对不齐而产生歪斜。

打剪口

（2）在裁片相应位置（袖窿、胸围、腰围、臀围、开衩、后中、底摆）处打上剪口，便于对位。

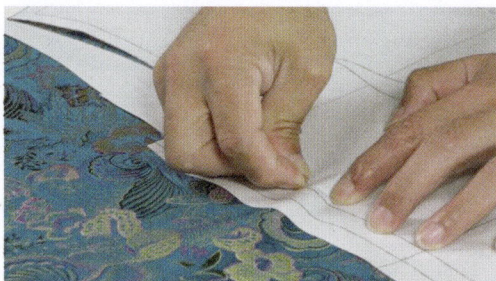

（3）弧度较大的弧线在裁剪过程中不太顺手的时候，采用大头针固定，以及距离比较远的部位都需要别上大头针。	省道点位 （4）剩余部位打剪口。裁剪完的后裙片在省尖部位做上记号。
点位：省尖以下1cm （5）两边省尖向下1cm处定位。上、下省道尖都打上省位点。用大头针或传统手缝方法（打线丁）来进行定位。	做记号 （6）把裁片翻到后面，背后的垫纸揭开，在扎大头针的位置画上记号，即收省的位置标注出来。
（7）最后把大头针和样板纸撤走，后片的裁片完成。	

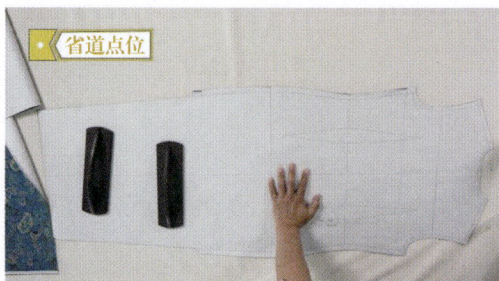

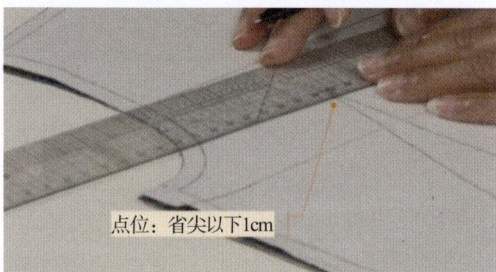

表1-4-4　旗袍前片裁剪与点位

前片裁剪 （1）前片与后片采取同样的准备工作，面料背后垫一张纸，面料布边与纸边对齐铺平。找到花位的横向对位，不能偏上或者偏下。	臀围线剪口对齐 （2）臀围线剪口方向对齐，横向花纹用尺子作为水平记号。

找花位中心点

（3）将裁片对折，以前中心线为基准定位花位。

重点：一定要注意前后片的花位要对齐。

（4）在裁片的上、中、下位置分别检查一下花型的方向是否一致，有无歪斜。将后片裁片与前片位置复核、检查。

（5）前片中心线上、中、下距布边距离如不一样，有误差，则进行微调。

（6）调整完毕，用大头针将打板纸与面料进行固定。就可以进行裁剪。

（7）裁剪完需要补齐剪口。

（8）将面料翻过来，在反面有针的位置画上记号，这样前裙片便裁剪完成。

表1-4-5　旗袍里襟的裁剪

（1）裁剪剩下的面料足够裁剪里襟，熨烫平整备用。把已经裁剪好的前片在这块面料上找到对应的花位。

门襟裁片的线也要对上

（2）关键点位对应。门襟裁片与里襟纸样的线要对齐，确认门、里襟纱向和裁片方向一致。

（3）再把前片面料翻到最上层。检查里襟纸样是否符合门襟曲线。

（4）确保对齐后用压铁压住固定。裁剪里襟。

（5）关键部位（袖窿对位）打上剪口。里襟裁剪完成。

表1-4-6　旗袍袖子的裁剪

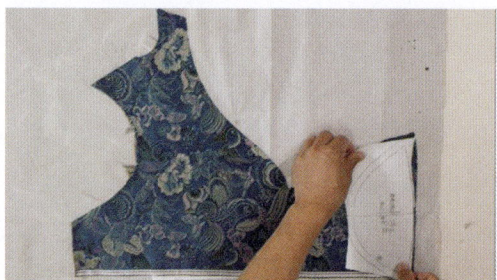

（1）袖子左右对称，注意花型的对称，袖片纸样在剩余面料上找到合适的位置。

（2）找到一朵花型，在剩余面料处再找到以此花型为中心的裁片大小即可。

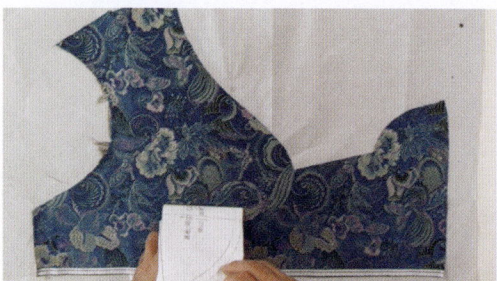

（3）由于袖子是对称的，确定另一片准确位置的时候要把纸样翻过来，即左右两个袖子裁片是呈轴对称的。

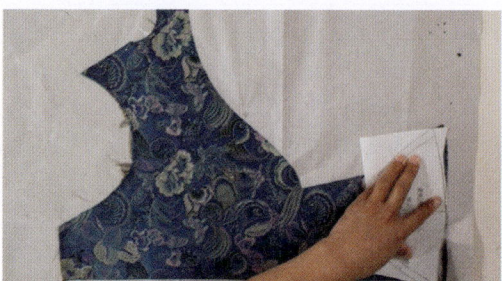

（4）找好合适位置就可以裁剪袖片，袖片的纱向要与面料纱向保持一致。

续表

（5）将裁剪下来的左片拿下来，找到对应的右片的花型处。旋转到丝缕方向合适的位置就可以裁剪另一边的袖片。

两边中心都有一个花心

（6）裁剪完成后检查两片袖子的花型和丝缕是否准确。

表1-4-7　旗袍领面的裁剪

（1）在剩余零料上找到合适的位置放领子纸样。把领子纸样在面料上找到左右相应花型，该面料不是完全对称的花型，所以找到相似的即可。

（2）用尺子量出花型之间的距离，找到其中点。领子是旗袍上最小的裁片，遵循节约面料的原则，放到最后裁剪。

（3）中间点作为领子的中点对位记号。将中点的纱向与纸样对齐。再检查一下领子两端花型位置是否合适。

（4）用压铁铺平，准备就绪，进行裁剪。打上剪口，领面裁剪完成。

表1-4-8　旗袍绲条的制作及熨烫

（1）旗袍是用绿色和金色双色绲条进行绲边，绿色绲条宽为2.5cm。把绿色绲条扣烫进去1cm，烫完后修剪成0.3~0.4cm。金色绲条宽度为1cm。

机针离边缘1.2cm

（2）在蓝色绲条上压缉一条1.2cm宽的线迹。

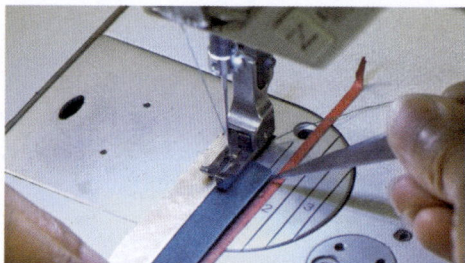

调整机针位置到踩下来1.5cm	
（3）将金色绲条塞入压脚下面，缉缝。完成后金色绲条露出0.15cm。	（4）机针扎下来的位置是距金色绲条边缘0.1cm，向下落针的时候需要向左偏0.05cm。从上向下缉缝一条直线便完成了绲条的制作。

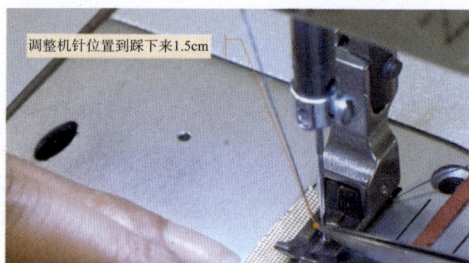

表1-4-9　旗袍前后衣身收省

（1）用记号笔将省道线描出来，检查省道线是否描清晰。捏住上下省尖点进行对折，便可进行缉缝。	这个点要对齐 （2）省道中间、上面和下面的点要对齐。
（3）省尖点起两针之后，省道边缘压一张纸，沿着纸边缘缉省道，这张纸起到增加摩擦力固定面料的作用，避免上下面料错位。	注意省道要有个小弧形，不要有直角。 （4）缉到中间位置就要把机针和纸旋转方向，当机针插入面料时抬起压脚旋转。腰节部位的缝线要顺直流畅。
（5）翻过来检查背面的线迹。	（6）用同样的方法把另一侧的省道缉缝好，后片就完成了。前片也按照一样的方法缝制。

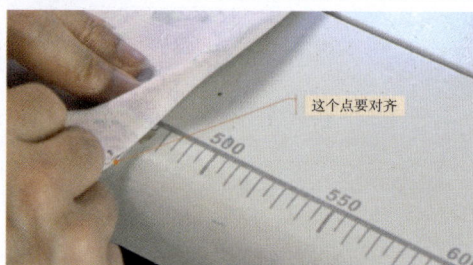

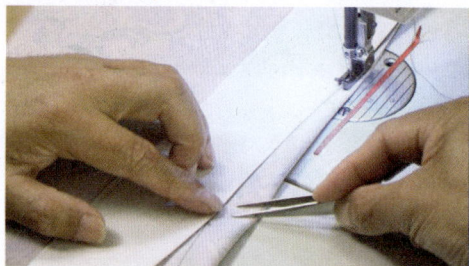

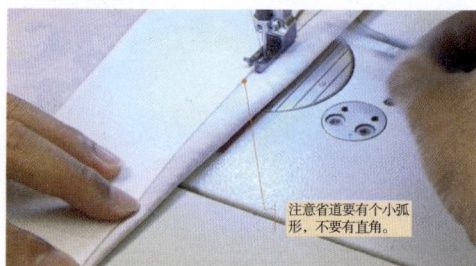

表1-4-10　旗袍前后衣身归拔处理

（1）在侧缝上找到两个点，离侧缝较近的省尖向上5cm，省尖向下12cm。

（2）以找到的两点为起止点缉一条线，缝份小于0.8cm即可。

（3）缝完将压脚抬起，将缝纫线留长一截。将这根线进行抽拉，两端可同时进行。抽完的量是0.8~1cm。

（4）抽拉的目的是将臀围弧线变成直线，将余量往臀围中间赶。另一侧侧缝抽线也按照同样的方法处理。

（5）前后片侧缝抽完后便可将省道进行熨烫。熨烫省道前先将臀围处进行"归"的熨烫处理。

（6）翻过来看正面余量如果过大，可以调整抽紧的量。

（7）烫平后用斜丝黏合衬进行固定。将斜丝的一端熨烫一小段用压铁固定，左手拉长黏合衬。两边都用同样的方法处理。

（8）接着处理省道的"拔"。先将省道烫平，然后沿着省道腰节中间向外拉长。熨烫后省道处有余量，烫出木耳边的效果。另一侧省道采取同样的方法处理。

（9）省道的中线和边线长度不同，只有拉长之后才能接近，拔开的目的是在倒缝省道的时候能更好地与衣身贴合。

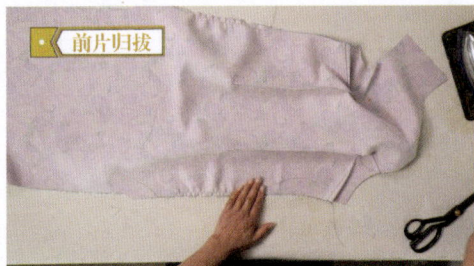

（10）翻到正面将省道烫平，这样后片便归拔完成。然后对前片进行归拔，与后片同样处理。不同的是胸省的处理，烫平即可。

（11）小襟的省道熨烫也是烫平即可。这样前后片和小襟都熨烫完成。

表1-4-11 旗袍前后片烫牵条及修整

（1）旗袍的绲边在侧缝、袖窿、门襟等处。在绲边处要烫黏合衬，应选择厚度和宽度适宜的黏合衬。

（2）黏合衬选用一边斜丝的，用于斜边转弯部位。选择直丝黏合衬贴在较直的面料边缘背面。

注意：有弧度的地方用可以带转弯的黏合衬，开衩部分的黏合衬用直的。

（3）熨斗开到合适温度，不宜过高（避免黏合衬遇到高温会卷曲）；直丝黏合衬不得拉变形，适量松度配合熨斗烫需要垂直按压。

（4）熨烫黏合衬前需整理好袖窿弧度。在转弯处的斜丝黏合衬有拉伸余地，配合熨斗烫平服。

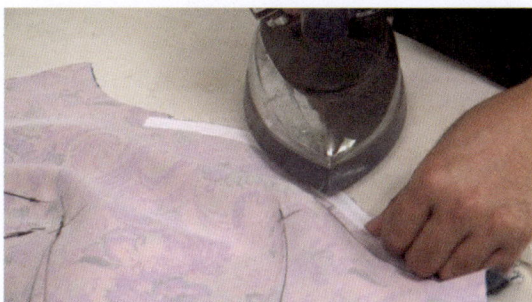

（5）门襟弧度也是一样操作的，斜丝黏合衬贴在里侧长度较短的部分也能压烫进去。

（6）翻过来正面继续压烫整理平服。前片烫好后处理后片。同样的方法熨烫好后片底部和袖窿黏合衬。

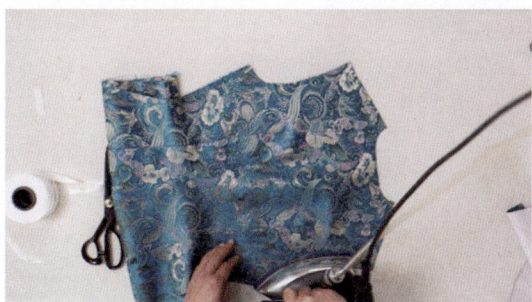

（7）翻过来正面加强熨烫，使其平整。处理小襟之前要熨烫平服。

（8）用斜丝黏合衬贴好袖窿弧线，直丝黏合衬贴好门襟弧线。将小襟翻过来整烫好。

（9）前后片于肩缝处拼接好后确定开衩位置。

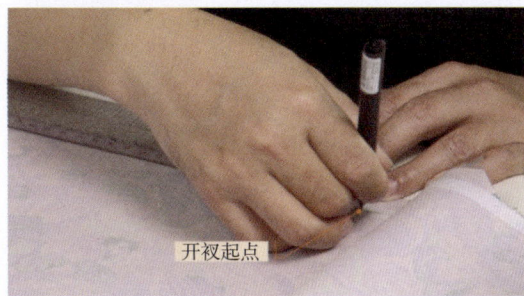

（10）侧缝边缘和凸出来绱拉链门底襟部分相交位置，相距2.5cm处为开衩起点，用水笔标注好。

（11）测量开衩起点到下摆边缘长度为43.5cm。做好标记。

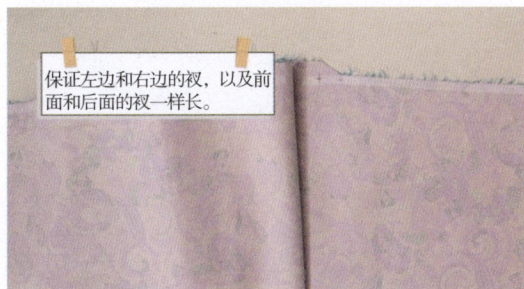

（12）明确前、后片左右两边的衩都是一样长度，便于拼合准确。

（13）确保四个开衩点标注完整。	（14）在每个开衩点位处画上缝缉线。

表1-4-12 旗袍前后片两侧开衩绲绳条

（1）在面料反面定好的开衩起始位置扎一根大头针。	（2）拿出制作好的绳条，距离顶端留出3cm的量作一个记号。
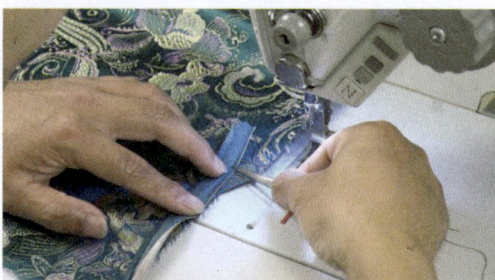	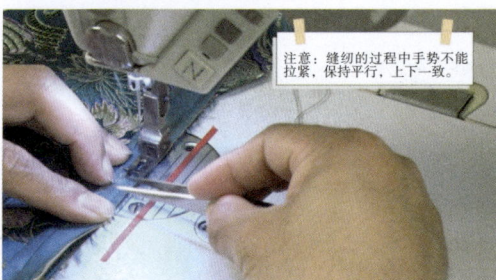
（3）用镊子将定位点与大头针对齐。绳条（包边条）边缘与开衩的侧缝边缘对齐。	注意：缝纫的过程中手势不能拉紧，保持平行，上下一致。 （4）起针位置比较重要，需要仔细对齐位置。两端倒回车。沿着绳条（包边条）的缝缉线落针。在缉线过程中，手势要控制上下面料的松紧度，保持平服。
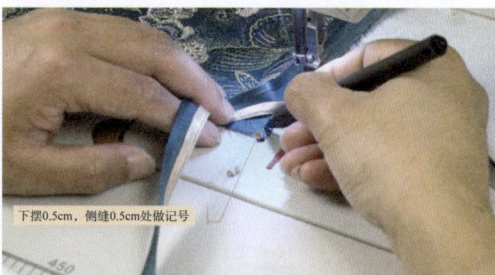	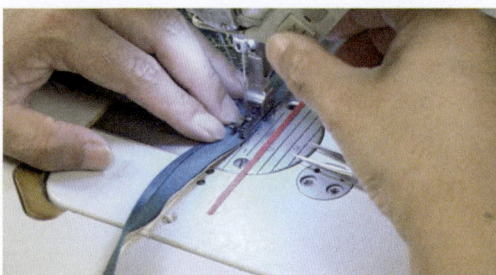
下摆0.5cm，侧缝0.5cm处做记号 （5）绳条（包边条）缉缝至末端时，在侧缝与下摆0.5cm处做上记号。同样距边缘在绳条上做0.5cm的记号。	（6）踩到距离边缘0.5cm处进行倒回车。接下来处理绳条的转角。

续表

先把包边条的线拆开1cm

（7）把绳条（包边条）拆开1cm。

（8）翻过来将金色绳条（包边条）剪断。剪断的金色绳条压在侧边包边条下面。

（9）把蓝色的绳条翻折好。

（10）将蓝色绳条与上端对齐。

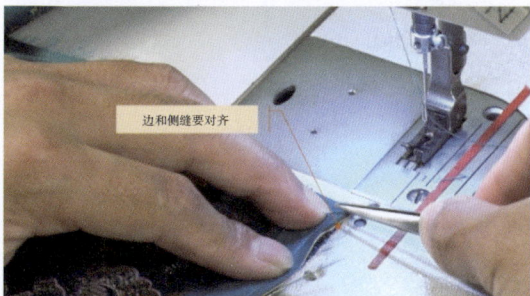

边和侧缝要对齐

（11）将绳条的金色和蓝色部分折叠好和侧缝对齐，绱缝。踩到做好记号的位置倒回车断线。

（12）拆开1cm，剪断金色绳条、翻折叠好蓝色部分，与之前的操作重复，直到另一端的开衩处。

（13）开衩处用大头针定位。绱到终点定位处倒回车结束。

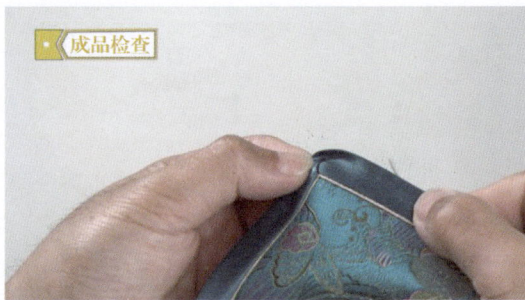

成品检查

（14）最后检查缝制完成的绳条成品，确保绳条（色丁）侧缝边压住下摆边。

表1-4-13　旗袍小襟缝制及熨烫

（1）面料和里料的缉缝完毕熨烫平整。将两片面料正面相对放好，弧度对齐。

注意斜丝面料缝纫的时候不要拉长

（2）缝份为0.8cm，里料与面料弧线部分斜丝容易变形，缉缝时不得拉长。缉缝一段距离就要调整一下面料、里料，如果上面的里料长了就要吃进去一些。

压线

（3）修剪缝份至0.5cm。把里料翻过来，在上面压缉一条距边缘0.1cm的线。

（4）翻过来缝份处正面继续压烫平服。压铁冷却定型。

（5）修剪毛边，小襟缝制熨烫完毕。

表1-4-14　旗袍前后片里料的省道缝制及熨烫

（1）里料与面料一样事先画好省道点位。缉缝省，在省最宽即1.5cm处缝出平滑的弧线。

后片的省量是1.8cm，适当地比前片多加一点松量。

（2）为了保持前后片省道大小一致，在不断线的情况下将另一片省道按相同缝纫方向摆放好，后片省松量比面料多一些，省宽度为1.8cm（面料为2cm）。

续表

注意，腰部省宽1.5cm

（3）将两片之间的线剪断，继续绱缝另一片，腰节最宽处省量为1.5cm。在里料上绱省的时候也可以与面料上一样采用垫纸的方法，控制缝线顺直。

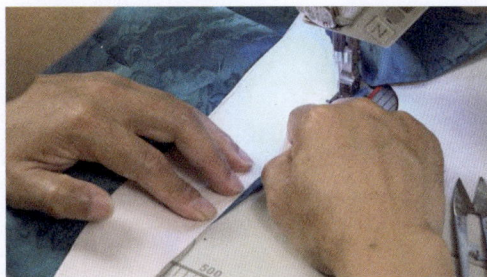

（4）腰省部分位于面料斜丝位置，需要垫纸辅助绱缝，防止省道拉长变形，用同样的方法将另一侧腰省缝好。

绱腋下省

（5）腋下省也位于面料斜丝部位，需要垫纸辅助绱缝。这样前后片里料处理完成。

表1-4-15　旗袍宝剑头的熨烫工艺

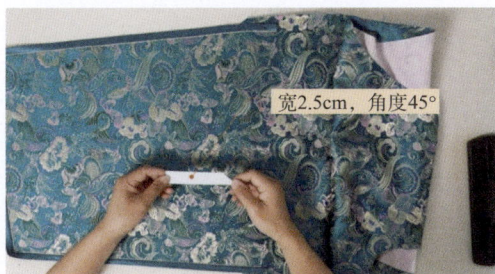

宽2.5cm，角度45°

（1）绲条熨烫平整。准备宝剑头纸样宽度为2.5cm，45°角。

这里的线拆掉

（2）在起点记号处，将固定蓝色、金色绲条的线拆掉。把样板放在起点位置。

金色的边剪出三角形

（3）绲条按照45°角折边进行扣烫。将金色绲条剪出三角形。

保留0.15cm的宽度

（4）翻折绲条，使蓝色和金色之间相差0.15cm的距离。

双面胶固定

（5）可以用胶水或者双面胶进行固定。这边选用双面胶黏合衬进行固定。用熨斗熨烫定型。

（6）然后是金色绳条与面料的固定。用熨斗尖熨烫转角处。

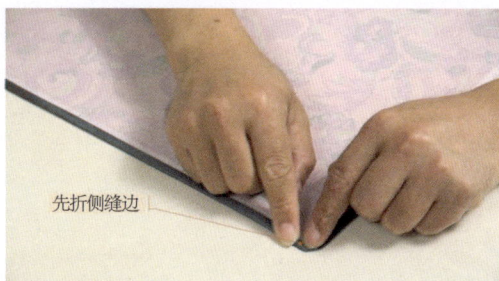

先折侧缝边

（7）旗袍反面用熨斗将绳条包烫好。先折侧缝边，再折底摆边。

两个边对折在同一个点上

（8）另一侧也是先烫侧缝边再烫底摆边。检查确保两个边对折处在同一个点上。

（9）翻过来再次检查方角是否平整方正，后片参照前片处理。

表1-4-16　旗袍前后片衣身拼合

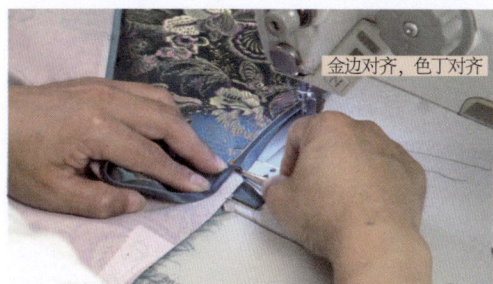

金边对齐，色丁对齐

（1）把前、后两片裙片下摆对齐摆放。开衩点对齐，翻开检查绳条是否对齐。绳条的金色边和蓝色边相应对齐。

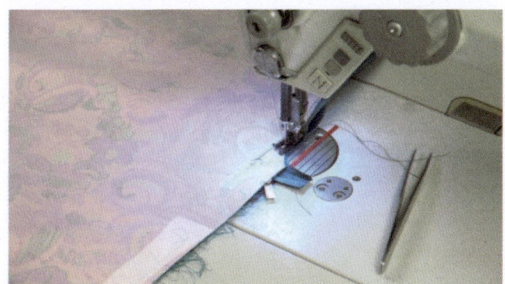

（2）拉链起点定位处倒回车。翻过来检查宝剑头的尖角是否对齐。一直缉缝到定位点处，距侧边1.5cm。

续表

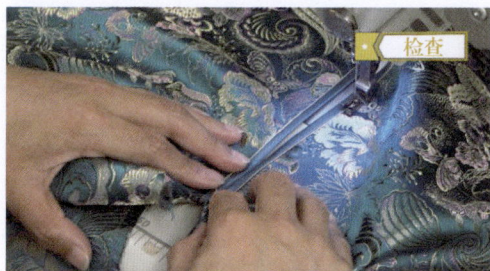

（3）翻到反面将缝份分开，正面检查正反两片绲条是否对齐，宝剑头与绲条宽窄是否合适。继续拼侧缝，注意对好剪口（臀围线附近剪口）。

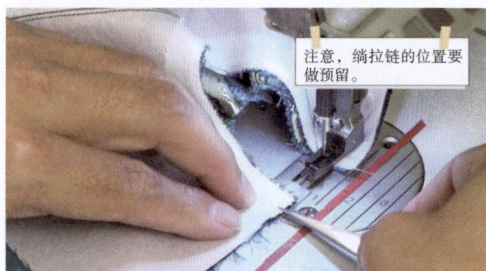

（4）接着拼肩缝，缝份设为1.2cm，随后拼里襟肩缝。由于肩缝是斜丝，所以不可拉长。绱拉链的位置要预留3cm，缝份为1.5cm。

（5）从拉链止点开始绲缝1.5cm的缝份。一直绲缝到与开衩位重合。

（6）剪开刚才连续绲缝的部分，旗袍的前后片衣身拼合完成。

表1-4-17 旗袍绱拉链

（1）把压脚换成单边压脚，做好准备工作。把拉链上部的缝份分开，开始绱拉链。

（2）拉链沿着缝份放好，从拉链头（领圈处）开始起针。拉链边与面料缝份对齐，拉链齿向左打开，可以用镊子刮一下。

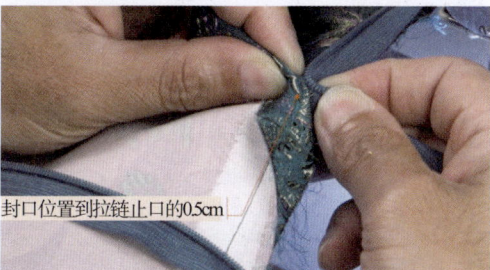

封口位置到拉链止口的0.5cm

（3）绱到封口位置向下0.5cm处倒回车。检查从封口位置到拉链止口处距离是否为0.5cm。

（4）在拉链起始端用打剪口的方式做记号。

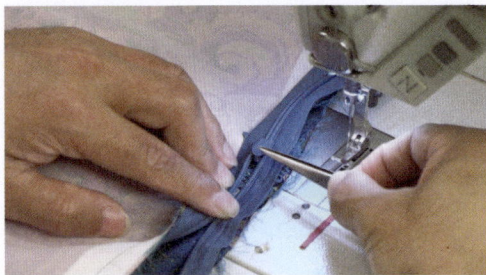

（5）安装拉链另一边时，拉链头离安装位置短一点。更容易控制左右两边拉链的平衡（长度过长不容易控制差距）。

（6）用同样的方法缉缝好另一边。将拉链反复开合，检查是否顺畅。

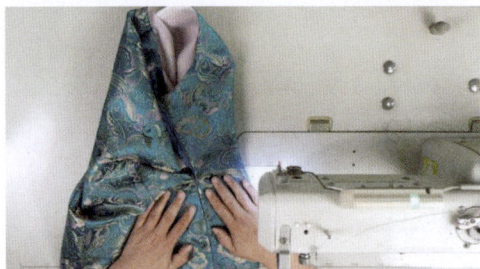

（7）翻过来检查正面，看隐形拉链是否露出来，或者两边面料丝缕是否起皱等，若是没有以上问题，则拉链便缝好了。

表1-4-18 旗袍侧缝的开缝熨烫

（1）缝完旗袍拉链后进行侧缝熨烫。侧缝是弧线，所以整烫时下面要垫一个烫凳进行支撑。旗袍侧缝采用分缝熨烫。

（2）分段熨烫完将整段铺平进行整理。翻过来同样地将另一侧缝有拉链的侧缝进行整烫。

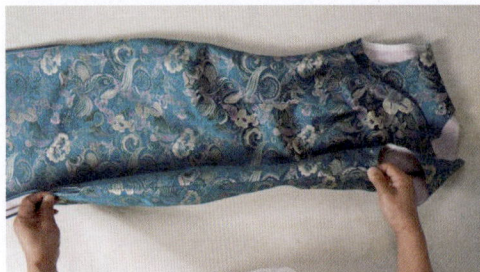

（3）分缝熨烫肩缝。翻过来检查旗袍正面缝份是否熨烫整齐。

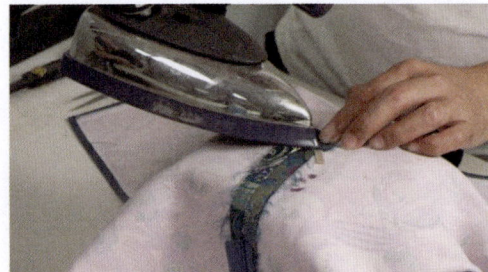

（4）背面宝剑衩熨烫平整。将蓝色和金色部分分开，蓝色的包边条翻过来折成90°。熨烫定型。

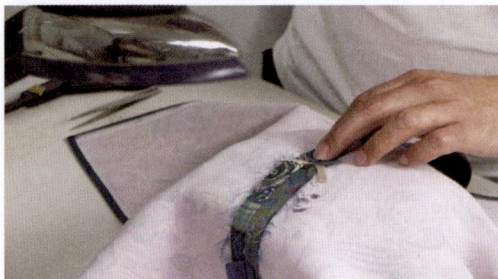

（5）翻过去折成一个三角再熨烫定型。把里面多余的量修掉。用同样的方法将另一边也烫平。

（6）蓝色绲条处理成一样长度。等到做里料开衩位置的时候就可以塞到三角处做平顺，完成侧缝开衩的熨烫。

表1-4-19　旗袍衣领的熨烫和缝制

（1）在黏合衬上画出扣烫纸样大小。把黏合衬剪下来。

（2）按照纸样上的剪口位打上剪口记号。在领面的反面贴上黏合衬。

（3）为了更准确地定位，在黏合衬对折处打上剪口。在领面对折处也打上剪口。

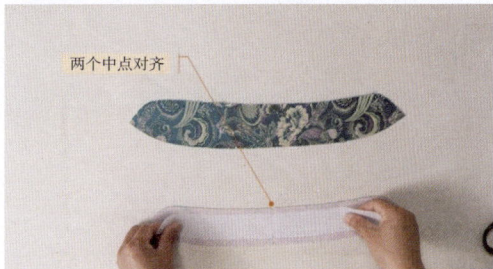

（4）观察一下花位是否对称。将黏合衬与领子的中点对齐摆放。

（5）熨斗压烫平整，做归拔。左手将领子提起来，沿着领圈弧度拉烫。

（6）领子归拔后的效果是放在桌面上就能立起来。

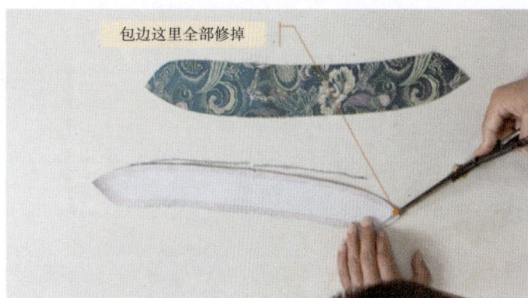

包边这里全部修掉

（7）修剪缝份为0.8cm。上口需要绲边，所以缝份全部修掉。

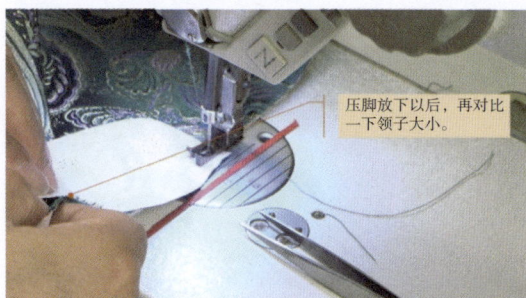

压脚放下以后，再对比一下领子大小。

（8）领子与衣身摆放好拼合领子，找到缅领的止口处对齐缝份。起始位置倒回车，压脚放下后，对比领子与装领线的长短。

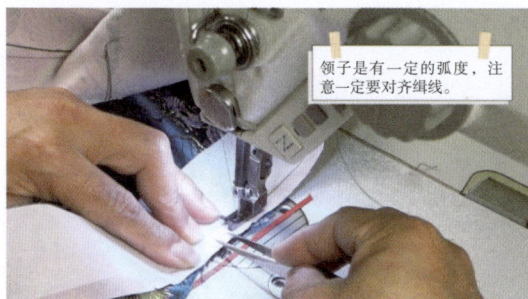

领子是有一定的弧度，注意一定要对齐缉线。

（9）缉缝一段距离后，将第一个剪口和后中剪口对齐。领子和装领线的弧度是相反的，所以难度就在于缉缝时对好这两条线。缉缝过后中剪口后，再对一下长度。

检查

（10）缅完领子后翻过来检查一下有没有起皱等不平服的现象。

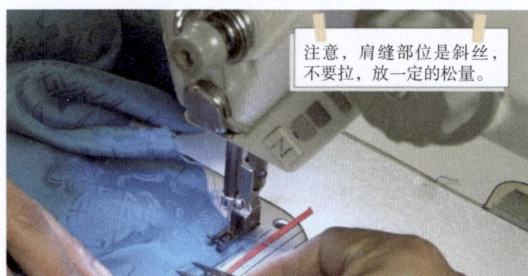

注意，肩缝部位是斜丝，不要拉，放一定的松量。

（11）把里料的肩缝进行拼接。肩缝部位是斜丝，车缝时留有一定的松量避免拉伸，两端倒回车。

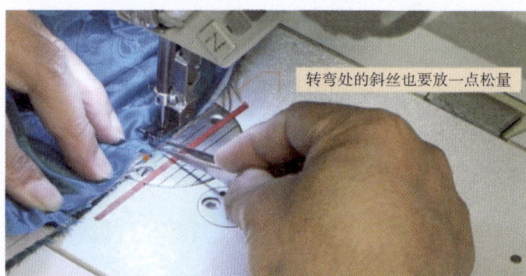

转弯处的斜丝也要放一点松量

（12）固定领口的面料和里料，领面料、里料整理好，缝份对齐。遇到领口弧线转弯处的斜丝部分留松量，避免拉长。

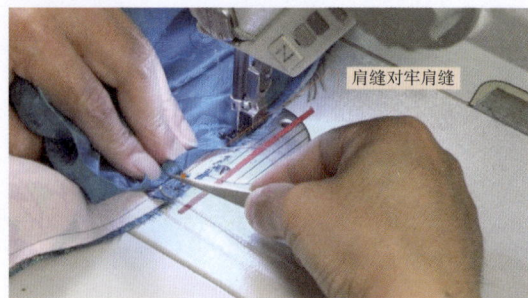

肩缝对牢肩缝

（13）确保面料、里料肩缝对牢，平缝至止口倒回车。

（14）接下来缅领里。领里与领面对齐缉缝，下口需要略微拉长。

（15）拼完领里、领面，将领里与领面翻过来，领面向上拉紧。在固定领口的时候将领里层向外拉紧，让领面松一点。

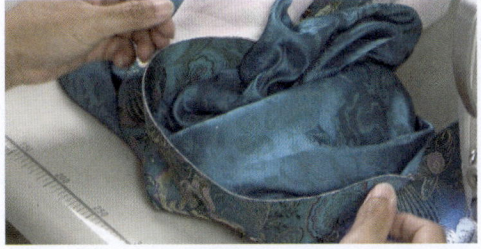

（16）沿着领面的上口边修剪缝份，缝份约0.3cm。至此，领子便缝好了。

表1-4-20　旗袍下摆的固定

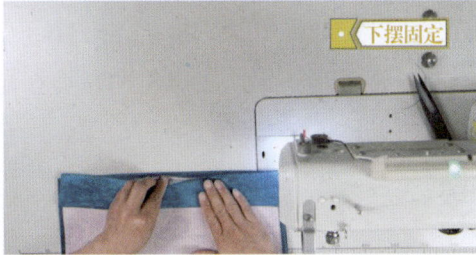

（1）准备宽约6cm的背面贴好黏合衬的横丝面料、里料，下摆扣烫好折边1cm。把面料绲条翻开，与里料夹好。

（2）沿着绲条的缝份将里料缉缝拼接起来。

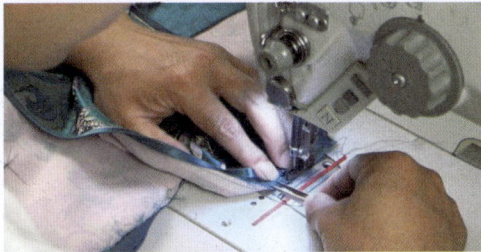

（3）把里料的两边也同样缉缝固定。

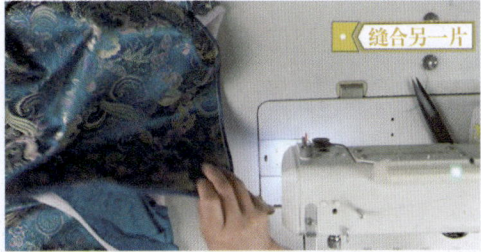

（4）用同样的方法将另一片底摆里料固定好，下摆便固定完成了。

表1-4-21　旗袍拉链、袖窿里料、里襟的固定

（1）检查里料处的拉链是否有问题。将里料和拉链的缝份对齐进行拼合，缉缝时注意里料留有松量。

（2）拼合小襟和里料的拉链缝份。缉缝另一边的里料。

续表

注意，缝到一半的时候，要把拉链拉上去，后面更好操作。

（3）缉缝到一半距离的时候，要把拉链头拉上去，以免拉链头的厚度影响接下来的操作。

注意，固定里料时候的压脚是0.3cm的高低压脚，也可以选择单边压脚。

（4）固定里料（装里料）时用的压脚是0.3cm的高低压脚，也可以选择单边压脚。

（5）袖窿因为层数比较多，加上有斜丝部分，固定时需要对齐（面里料）肩缝等对位点，此时的缝份为0.5cm。

门襟固定

（6）门襟的固定也与袖窿一样注意把握难度点，这样里料就完成了。

表1-4-22　旗袍两侧开衩里料的固定

把里料挂在这个位置

（1）将里料上端挂在开衩的位置，下端在底摆里料处挂好，做好缉线的准备。

缉线

注意，要把里料放在下面缉线。

（2）在里料这面缉缝一段定位，翻过来要将里料放在下面缉线。

找到下面的固定点

（3）找到里料底摆处放一点松量进行定位。

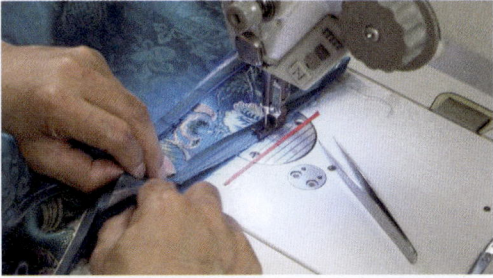

（4）从下摆处开始缉线。固定完一边，对比一下前后片下摆的长度，保持一致。

（5）找到前后片下摆处同样的对位点，做记号。

（6）对比完前、后片里料长度后开始缉缝，就完成了两侧开衩里料的固定。

表1-4-23 旗袍绲条手工缲边

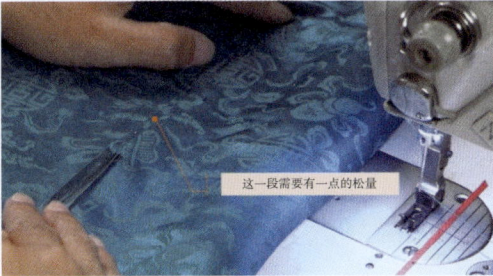

这一段需要有一点的松量

（1）检查一下里料的松量。在开衩的上端，有一段位置需要留松量，以免旗袍穿着时起吊。

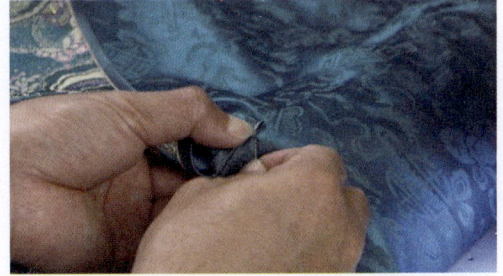

（2）手工缲边针距控制在0.4~0.5cm。手缝至开衩处不要将折边露出来，由于缝份比较厚，针距缩短。

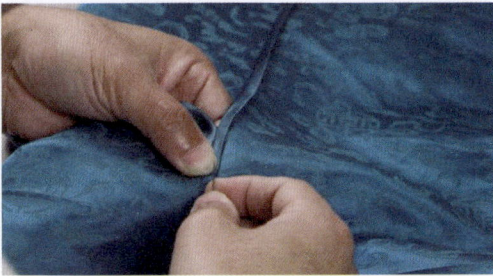

（3）缝至结束便换一个方向缝对面的边。整件旗袍的缲边就参照以上方法进行。

表 1-4-24　旗袍绱袖

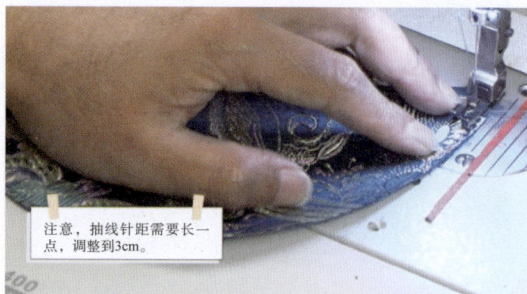

注意，抽线针距需要长一点，调整到3cm。	
（1）在绱袖之前要沿着袖窿弧线跑圈抽线。抽线针距调长至3cm，缝份为0.5cm。	（2）缉缝一圈后留一截缝纫线再剪断。抽两端其中一根线，做出袖山吃势。
	起点对齐
（3）调整一下褶皱的量，集中到袖山顶部，呈现饱满的造型即可。	（4）绱袖时将衣片的里料朝上，确定好袖子的前后位置。从起点剪口处开始绱袖。
在缝合之前可以先把袖子放进去检查一下大小是否匹配。	注意，中心剪口对齐，吃势均匀，袖山顶部要圆润饱满。
（5）在缝合之前可以先把袖片放到袖窿弧线上比较一下大小，调整长短使其大小匹配。	（6）绱袖时要注意中心剪口对齐，吃势均匀，袖山顶部要圆润饱满。
（7）翻到正面检查一下袖子的造型，绱袖就完成了。	

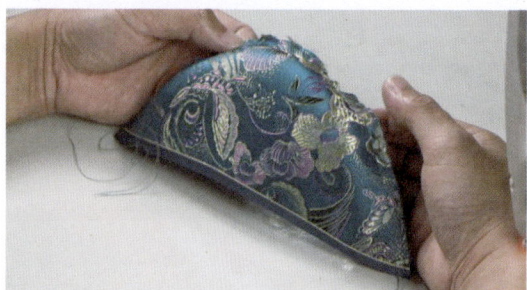

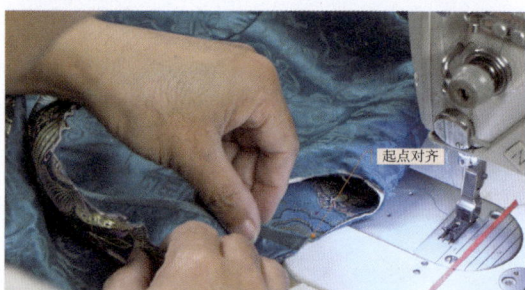

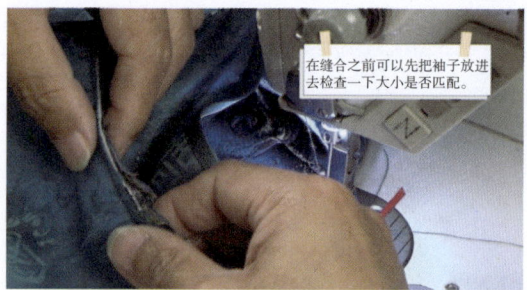

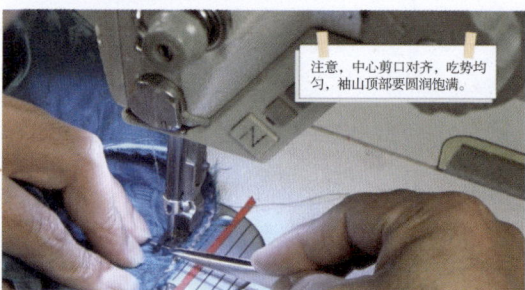

表1-4-25 旗袍袖窿绲边

（1）选用与下摆绲条同样的材料，略宽0.2cm。从绱袖点向上5cm处开始绲边。

（2）将绲条打开，沿着绲条的宽度进行缉线。缉缝一段距离后断线，拼接绲条。

（3）按照袖窿弧线的长度将绲条剪断，绲条两端留出0.3cm左右做缝份，打开绲条扣烫部分，缉缝缝份。

（4）将缉完的缝份进行分缝，继续将绲条缉缝到袖窿上。

（5）缉缝完翻过来，可以看到与之前下摆（正面与反面）一样的绲边方法，袖窿绲边就完成了。

表1-4-26 旗袍门襟领口绱绲条

（1）旗袍的门襟、领口绱绲条。缉缝至门襟斜丝处，绲边要做出一些吃势处理，即绲条略微拉紧，门襟的量吃进去一些。门襟有弧度的地方缉线弧度要流畅。

（2）缉缝完检查一下，领口部分正面和反面与之前的绲条是一样的做法（手工绲边），门襟领口绲边便完成了。

四、旗袍成品外观质量要求

1.检验工具

（1）钢卷尺或直尺，分度值为1mm。

（2）评定变色用灰色样卡。

（3）I/12染料染色标准深度色卡。

（4）外观疵点标准样照。

2.成品规格测定

成品主要部位规格尺寸测量方法见表1-4-27，尺寸允许偏差按表1-4-28中的规定。

表1-4-27 成品主要部位规格尺寸测量方法

序号	部位名称	测量方法
1	领围	领子排平，横量领下口
2	衣长	由前身肩缝最高点垂直量至底边，或由后领窝中点垂直量至底边
3	袖长	由袖子最高点垂直量至袖口边
4	胸围	扣好纽扣，前后身沿胸围线折叠，自袖隆底至胸高点水平横量（周围计算）
5	总肩宽	由肩袖缝交叉点摊平横量
6	腰围	控制好拉链，扣好纽扣，前后身摊平，沿腰部最窄处水平横量（周围计算）
7	臀围	前后身摊平，由中腰最细处向下17~20cm处水平横量（周围计算）

表1-4-28 规格尺寸允许偏差

单位：cm

部位名称	规格尺寸允许偏差
领围	± 0.5
衣长	± 1.5
胸围	± 1.0
总肩宽	± 0.5
袖长	± 0.5
腰围	± 1.0
臀围	± 1.0

3.整烫质量要求

（1）各部位应熨烫平服、整洁，无烫黄、水渍及亮光。

（2）使用黏合衬部位不应有脱胶、起皱及起泡现象。各部位表面不许有沾胶。

完成后的旗袍外观见图1-4-2。

图1-4-2　旗袍成品

任务五　旗袍手工盘扣

一、旗袍盘扣的种类

盘扣的种类繁多，主要包括花植类、动物类、中国结类和汉字造型类。

花植类：如梅花扣（图1-5-1）、桃花扣、菊花扣（图1-5-2）、玫瑰扣、花蕾扣、花篮扣、树叶扣等。

图1-5-1　梅花扣

图1-5-2　菊花扣

动物类：如凤凰扣、孔雀扣、燕子扣、蝴蝶扣（图1-5-3、图1-5-4）、蜻蜓扣、蜜蜂扣、青蛙扣、蜗牛扣、乌龟扣等。

图1-5-3　蝴蝶扣（1）

图1-5-4　蝴蝶扣（2）

中国结类：如吉祥结扣、如意结扣、攀缘结扣、同心结扣、十全结扣、团锦结扣、三环结扣、草花结扣（图1-5-5）、双线结扣、盘长结扣（图1-5-6）等。

图1-5-5 草花结扣

图1-5-6 盘长结扣

汉字造型类：如一字扣、万字扣、吉字扣、喜字扣（图1-5-7）、寿字扣（图1-5-8）等。

图1-5-7 喜字扣

图1-5-8 寿字扣

也有几何图形的，如波形扣、三角形扣等。盘花分两边，有对称的，有不对称的（图1-5-9、图1-5-10）。

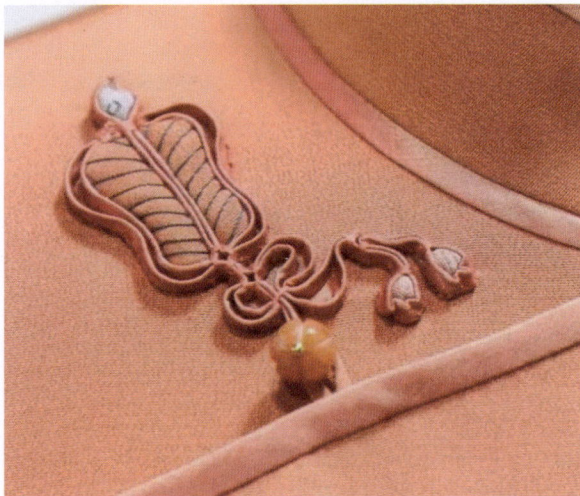

图1-5-9 琵琶扇扣

图1-5-10 不对称扣

罕见的有蓓蕾盘扣（图1-5-11）、缠丝盘扣、镂花盘扣（图1-5-12）等。

图1-5-11　蓓蕾盘扣

图1-5-12　镂花盘扣

二、旗袍盘扣的制作方法（表1-5-1～表1-5-4）

表1-5-1　葫芦扣的面料裁剪与准备

75旦色丁面料	金边面料要先烫黏合衬
（1）准备75旦色丁面料。	（2）金色料熨烫黏合衬（无纺、有纺皆可）。
画线	
（3）将金色面料下面和上面铺好纸，纸边、布边与桌子的边缘对齐，在上面的纸上画好3cm间距的线。	（4）斜丝面料需要50cm以上的长度，三副盘扣需要裁剪6条扣条。

（5）胶水和水的比例是1∶1，搅拌均匀不能出现颗粒。调好胶水就进行刮浆处理。刮完可在太阳下曝晒或者用熨斗熨干。干后，用与金色面料一样的裁剪方式，裁出50cm以上长度的斜丝面料即可。

表1-5-2　葫芦扣扣条制作

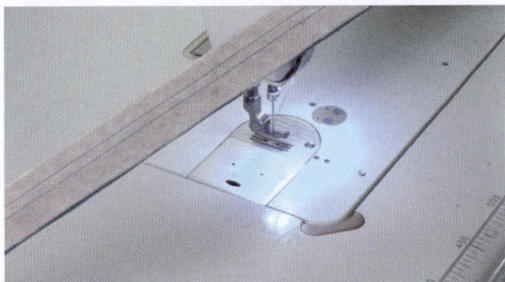

（1）取出金色和色丁面料，缉缝两段线，间距0.55~0.6cm。

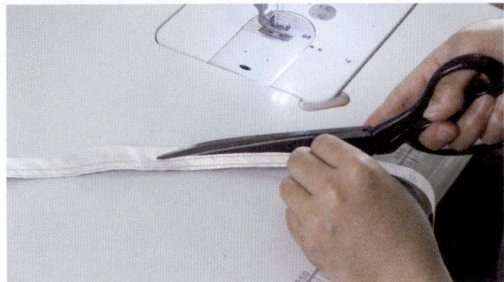

（2）修剪扣条，缝份为0.25cm。

（3）将扣条翻过来。

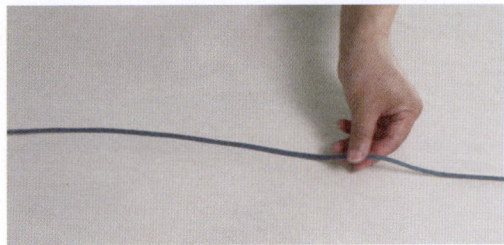

（4）翻过来之后熨烫扣条，不得拉长。金色边是反面先烫，正面再烫一遍便完成了。

表1-5-3　葫芦扣的制作

大拇指扣压在食指上

（1）葫芦扣的扣条绕在大拇指和食指上，绕一圈后扣上来，大拇指压在食指上。

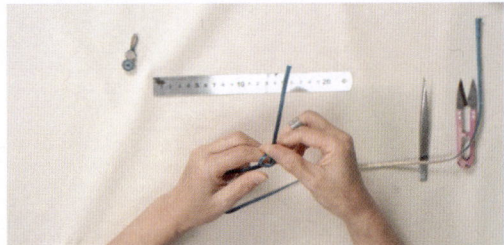

（2）把食指上的扣条头拿起来穿入拇指压在食指的扣里。

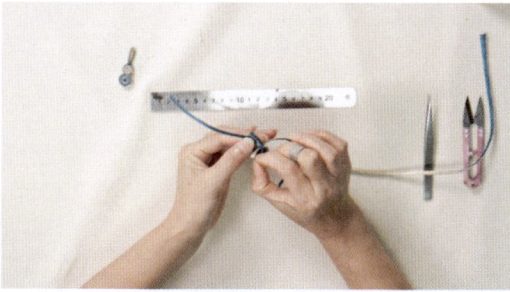

（3）把扣条另外一个头从另外一边穿过来，再从上面穿进去，注意上面的头要多留一点。

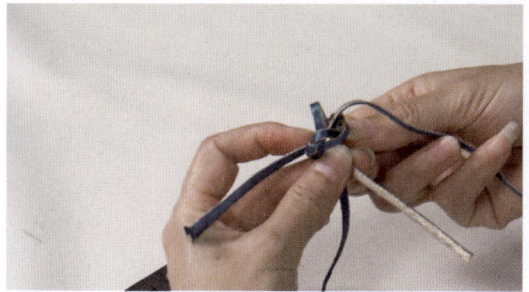

（4）扣条头和尾都从中心的孔穿进去。然后从中间到两边慢慢把扣收紧。

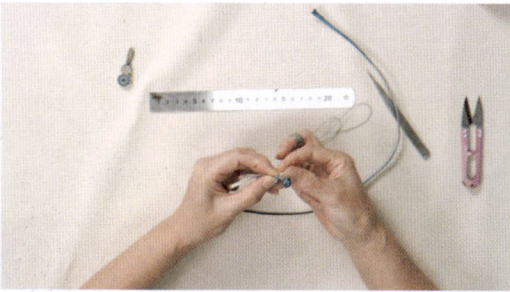

（5）在纽扣上留1cm的位置，用针固定。

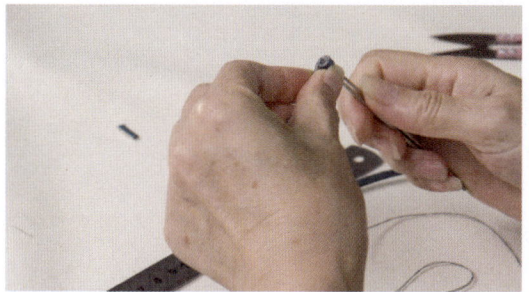

（6）葫芦两端大小不同，小的那端留10cm扣条就够了，用镊子从头卷起来，卷到用针固定好的位置。

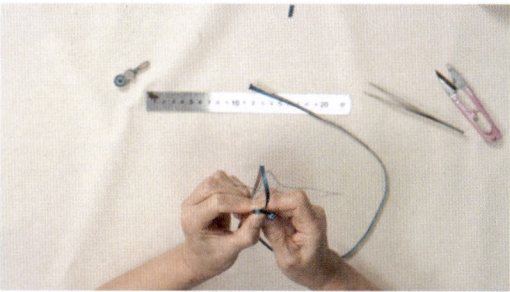

（7）用针把形状固定好。沿着固定好的圈再绕上半圈，一直到下面的中心点，再固定一下中心的位置。

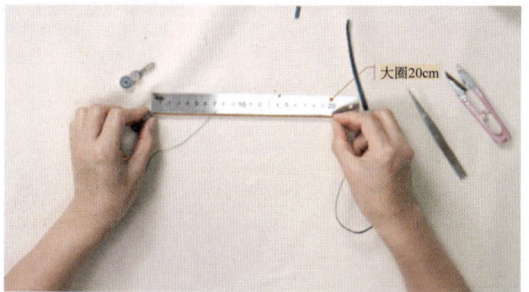

大圈20cm

（8）然后量取绕大圈的量，大圈留20cm扣条，用相同的方法把另一边做好。

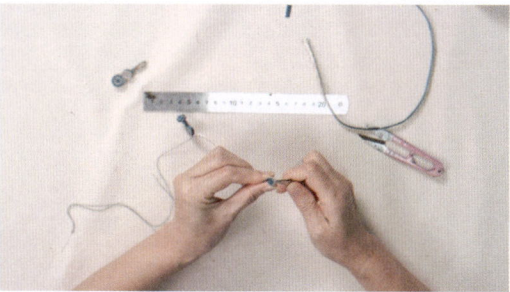

（9）葫芦的大圈比较大，做的时候一定要捏紧。

（10）固定左右两侧，穿到中心打个结，葫芦扣便完成了。

表1-5-4　葫芦扣的缝制

（1）为了防止钉扣时钉到里料上，通常在衣服里面塞上海绵。门襟处已经固定好，在这个扣子扣头的位置锁两针，要将葫芦扣头放在门襟包边的上面，固定好。

（2）翻过来，将起针处针脚藏好固定，转过来放平，然后从扣头处起针按住缝牢。缝的时候按着扣子不能使其松动，回缝到扣头的位置打个结。拉一下扣子检查是否松动，固定好打个结，把线藏进去。

（3）用同样的方法固定好另一侧。

扫一扫见数字资源

礼服高级定制

任务一　礼服放松量设置

礼服的放松量包括胸围、腰围、臀围、肩宽、裙摆的放松量。

一、胸围的放松量

人体正常呼吸时胸围大小的变化量为4cm左右，因此在设计胸围规格尺寸时应在净体胸围尺寸上加放不小于4cm的放松量（弹性面料除外），当小于该加放量时人们会觉得呼吸受到阻碍。礼服合体度不同，胸围的放松量也不同。

二、腰围的放松量

人在正常呼吸及坐立时腰围会有2cm的差值变化。从生理学角度讲，人体腰部周长缩小2cm时，人体不会产生强烈的压迫感，所以腰围的放松量可控制在0~2cm。

三、臀围的放松量

臀围放松量的大小直接影响礼服的造型风格。臀围的放松量应满足人体一般坐立的变化需要，合体裙臀围的放松量一般控制在4~6cm或根据裙摆大小自然扩张。

四、肩宽的放松量

根据款式设计要求，对肩宽进行适当缩放。例如，窄肩、泡泡袖等对应的肩宽适当缩小1~2cm，夸张肩部的款式则放大肩宽。

五、裙摆的放松量

裙摆的大小由款式造型而定。宽松裙的裙摆可呈A型、圆型，甚至超过360°。运动类型的裙子的裙摆波浪起伏、飘逸、舒展，而合体的裙摆设计则要考虑到人体的活动范围。裙衩一般开在距腰线40cm以下为宜。无裙衩的裙摆应随裙长的增加而增加。

任务二　礼服结构设计

一、礼服款式说明

本款为A型吊带礼服裙，前片公主线分割，后片收腰省；A型裙摆，腰部收阴褶，后中拼缝绱拉链（图2-2-1）。

正面　　　　　　　　　　　　背面

图2-2-1　礼服正、背面款式图

二、礼服规格尺寸（表2-2-1）

表2-2-1 礼服成品规格尺寸

单位：cm

号型	后中长	背长	肩宽（S）	领围（N）	胸围（B）	腰围（W）	臀围（H）
160/84A	119	38	38	41	88	72	93

三、礼服结构制图

1.礼服裙结构制图步骤

（1）前后礼服基本框架：

①后中心线：首先画出后裙片基础直线作为后中心线。

②上平线：作一条垂直于后中心线的线作为上平线。

③下平线（衣长线）：从上平线向下量至衣长尺寸，作上平线的平行线，即为下平线。

④后领深线：由上平线向下取2.5cm，作上平线的平行线，该线为后领深线。

⑤后腰围线：从后领深点向下取背长长度，作上平线的平行线，该线即为后腰围线。

⑥臀围线：从后腰围线向下量18cm，作上平线的平行线，该线为臀围线。

⑦袖窿深线（胸围线）：从上平线向下量22.5cm，作上平线的垂直线，则该线为胸围线（袖窿深线）。

（2）礼服的后裙片：

①后领宽线：在上平线，上身后中心线向右量取N/5。

②后肩斜线：从后领宽点向右量15cm，再向下量5cm取一点，连接该点与后领宽点，构成后肩斜线（后肩长为△）。

③后肩宽：从后中心线向右量取S/2，与后肩斜线相交于一点，则该点距离后中心线的水平距离，即为后肩宽。

④背宽线：沿胸围线从后中心线向右量（B/4）-0.5+○cm，在此处作下平线的垂直线，即为背宽线。

⑤后胸弧线：在原胸围线的基础上根据款式图画出后胸弧线的基本形状及分割线。

⑥侧缝线：在腰围线上，向内收1cm；在臀围线上，线向外加放2cm；在下平线上，向外加放8cm，起翘1.8cm，画成流畅弧线。

⑦底边弧线：底边弧线流畅，同时保持与侧缝线垂直。

⑧后侧腰省：省中心点在后侧片腰围线的1/2（结构图省略省中线）处，分别与胸围线、腰围线、臀围线相交，腰省收2.5cm，省道转移时需合并，下省尖点在臀围线上方6~7cm。

⑨后中腰省：分成2等份，取等分中点做2cm宽的省道。

⑩吊带位：如图2-2-2礼服结构制图所示。

（3）礼服的前裙片：图中胸围线、腰围线、臀围线及裙长线均由后裙片相应线条延伸。

①上平线：在后片上平线的基础上抬高0.5cm作平行线，即为前片的上平线。

②前中心线：垂直相交于上平线和下平线。

③前领宽线：在上平线上自前中心线向左量取（$N/5$）–0.5cm，作前中心线的平行线，即为前领宽线。

④前领深线：在前中心线上自上平线向下量取10.5cm，作上平线的平行线，即为前领深线。

⑤前肩斜线：在上平线上自前领宽点向左量15cm，再向下量6cm，取一点，直线连接该点与前领宽点，即为前肩斜线。

⑥前肩长：取△ –0.5cm。

⑦胸宽线：在胸围线上自前中心线向左量（$B/4$）+0.5cm，作下平线的垂直线，即为胸宽线。

⑧胸高点：上平线向下量24~25cm，前中心线向左量9~9.5cm两点相交为胸高点。

⑨基础胸省量：前片胸宽线与胸围线交点垂直向上量3cm（可变量），作出基础胸省，并与胸高点（BP点）连接。

⑩前胸弧线：根据款式图画出前胸弧线的基本形状及分割线。

⑪胸省（腋下省）：合并胸省，胸省量转移与腰省相接。

⑫侧缝线：在腰围线上，向内收1cm；在臀围线上，向外加放2cm；在下平线上，向外加放8cm，起翘1.8cm，画成流畅弧线，即为侧缝线。

⑬底边弧线：前中心线下降0.5cm，与侧缝画成流畅弧线，同时保持与侧缝线垂直。

⑭腰围线：前侧片腰围线在原腰围线的基础上下落0.5cm；前中片腰围线在原腰围线的基础上下落1cm，整体前片腰围线呈微斜状。

⑮前中腰省：经BP点向下作垂线（结构图省略省中心线），分别与腰围线、臀围线相交，上省尖点在BP点下3cm左右，腰省收2cm，下省尖点在臀围线上方4~5cm处。

⑯前侧腰省：省中心线在前侧片的1/2偏左处（结构图省略省中心线），分别与前胸弧线、腰围线、臀围线相交，腰省收1cm，省道转移时需合并，下省尖点在臀围线上方5~6cm处。

⑰吊带：如图2-2-2所示。

2. 礼服放缝、打剪口、做标记的要领

（1）礼服裁片面料放缝

①放缝：礼服上半部分共7个裁片，四周均放缝1cm，前后裙片除底边放缝1.2cm外，其他缝份均为1cm。

②打剪口：缝份大于或小于1cm的部位要打剪口。礼服上半部分前后衣片对位处及吊带对位处均打剪口；前衣片单剪口，后衣片双剪口。前后裙片褶裥位处均打剪口（图2-2-3）。

（2）礼服面、里料的配置要领：

①面、里料的丝缕与衣身相同。

②里料宜大不宜小，四周可以在毛缝的基础上放出0.2cm左右的量作为松量，目的是防止因里料较小而牵制面料，影响服装外观造型（图2-2-4）。

S/2

N/5

15:5

0.5

15

(N/5)-0.5

2.5

6

0.5

10.5

22.5

背长38

2.5

(B/4)-0.5+○

BP

(B/4)+0.5

裙长144

臀围高18

2

2.5

1

1

1

2

1

5~6

6~7

5~6

4~5

后中长119

2

2

8

1.8

8

0.5

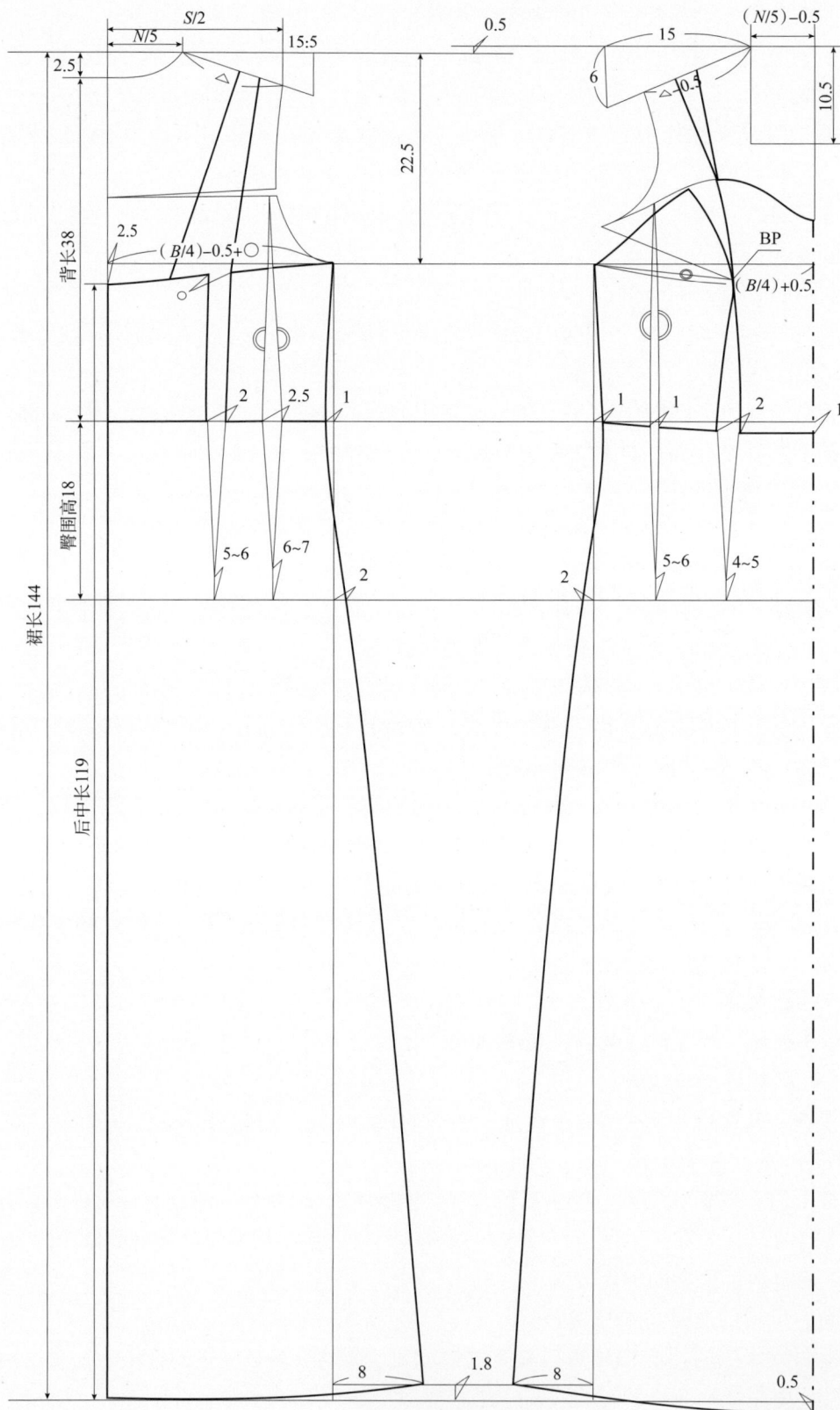

图2-2-2　礼服结构制图（单位：cm）

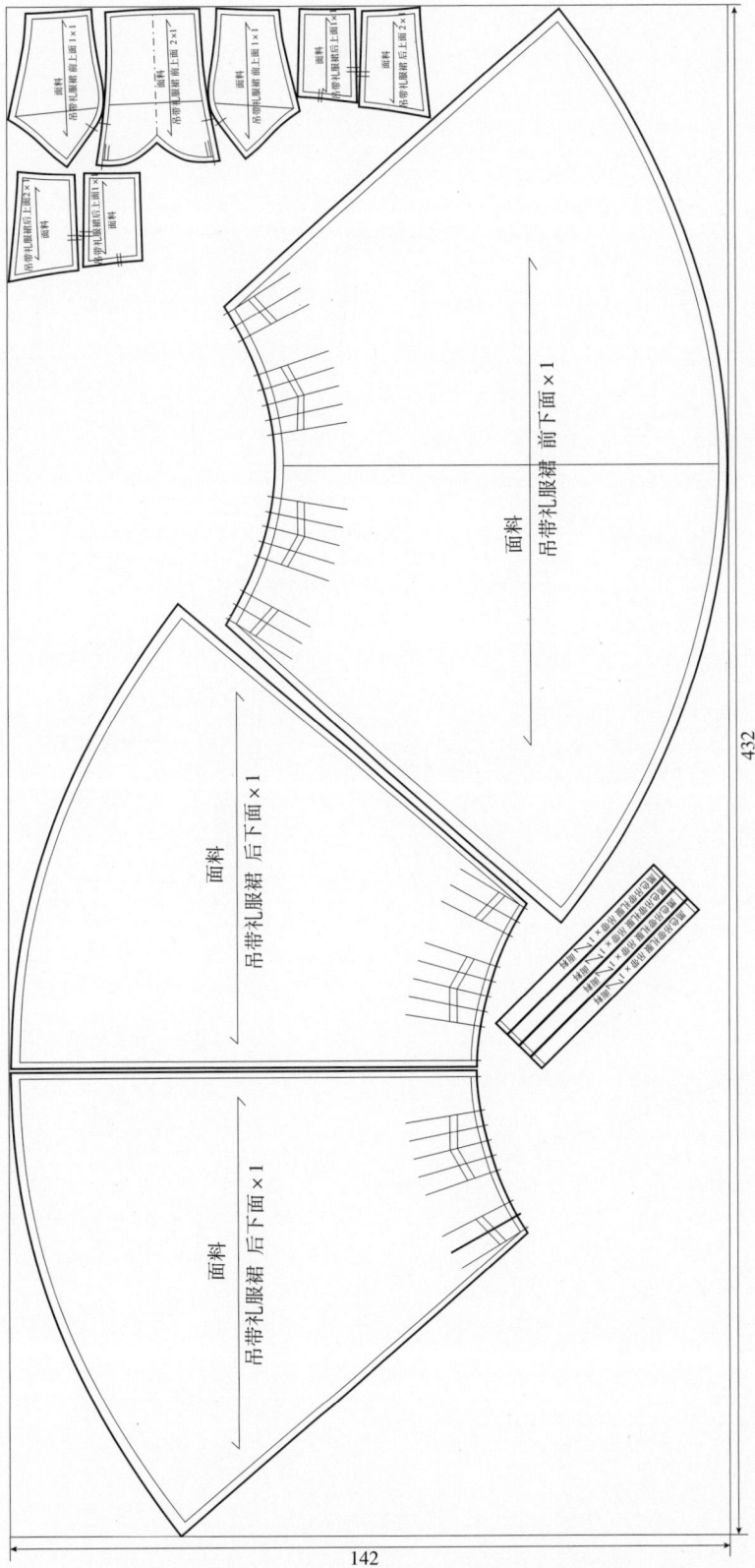

图2-2-3 礼服面料放缝、打剪口、做标记（单位：cm）

110

里料
吊带礼服裙 后下里×1

142

吊带礼服裙 前下里×1
里料

120

里料
吊带礼服裙 后下里×1

吊带礼服裙 后上里1×1
里料

吊带礼服裙 后上里2×1
里料

吊带礼服裙 前上里1×1
里料

吊带礼服裙 前上里2×1
里料

吊带礼服裙 前上里1×1
里料

吊带礼服裙 后上里2×1
里料

吊带礼服裙 后上里1×1
里料

142

30

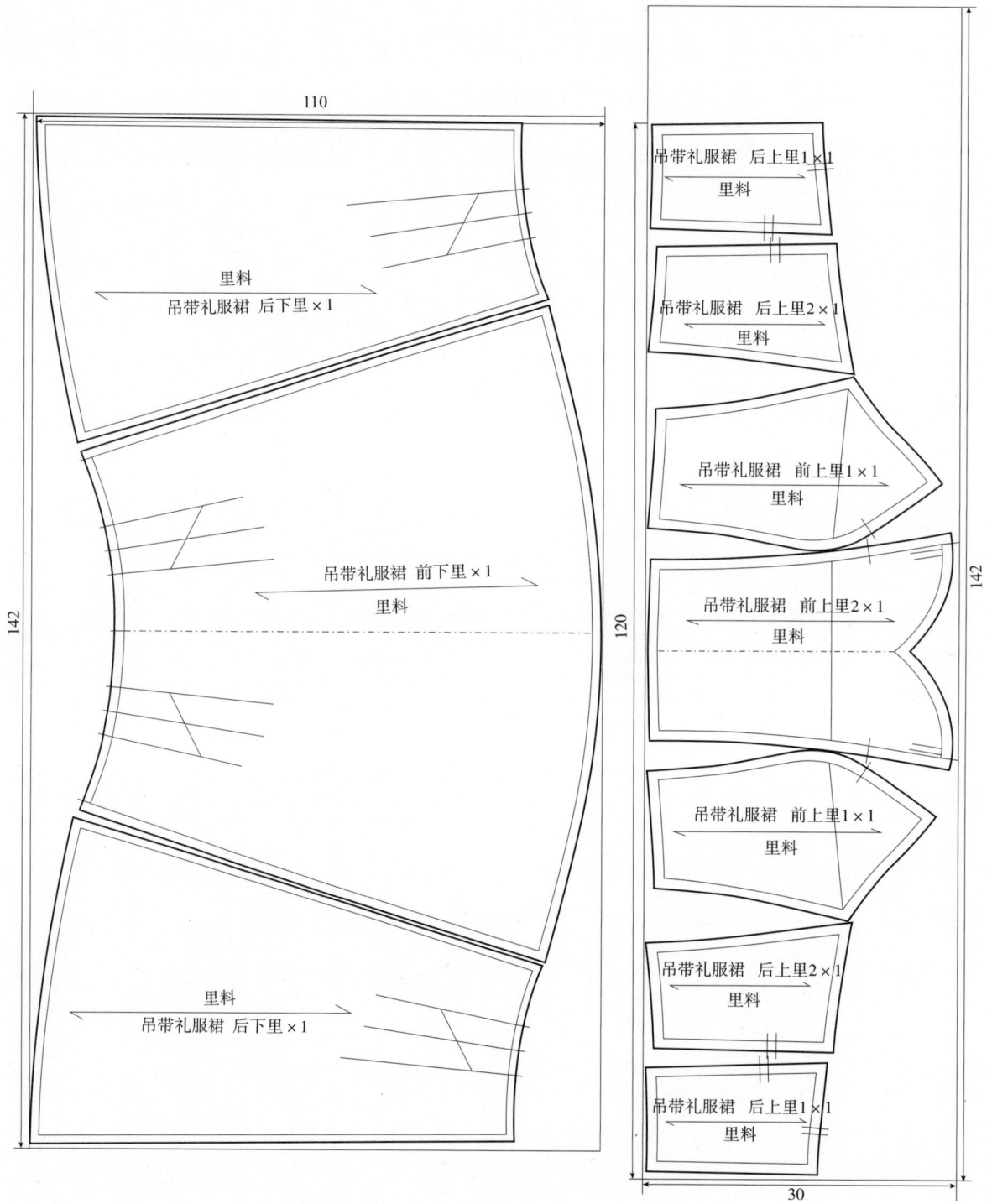

图2-2-4 礼服里料配置（单位：cm）

任务三 礼服裁剪工艺

一、礼服材料准备

1.面料

真丝缎，长度432cm、幅宽142cm。

2.辅料

（1）里料：75D墨绿色色丁。

（2）衬料：黏合衬。

（3）扣紧材料：拉链。

（4）其他：45°斜丝绳条、斜丝牵条、直丝牵条。

具体材料见表2-3-1。

表2-3-1 礼服材料

材料		名称	数量
面料		前裙片下	1片
		后裙片下	2片
		前中	1片
		前侧	2片
		后中	2片
		后侧	2片
辅料	里料	前裙片下	1片
		后裙片下	2片
		前中	1片
		前侧	2片
		后中	2片
		后侧	2片
	衬料	黏合衬（150cm）	1片
	扣紧材料	拉链（65cm）	1条
	其他	斜丝绳条（400cm）	1片
		斜丝牵条	适量
		直丝牵条	适量

二、礼服排料与裁剪（图2-3-1、图2-3-2）

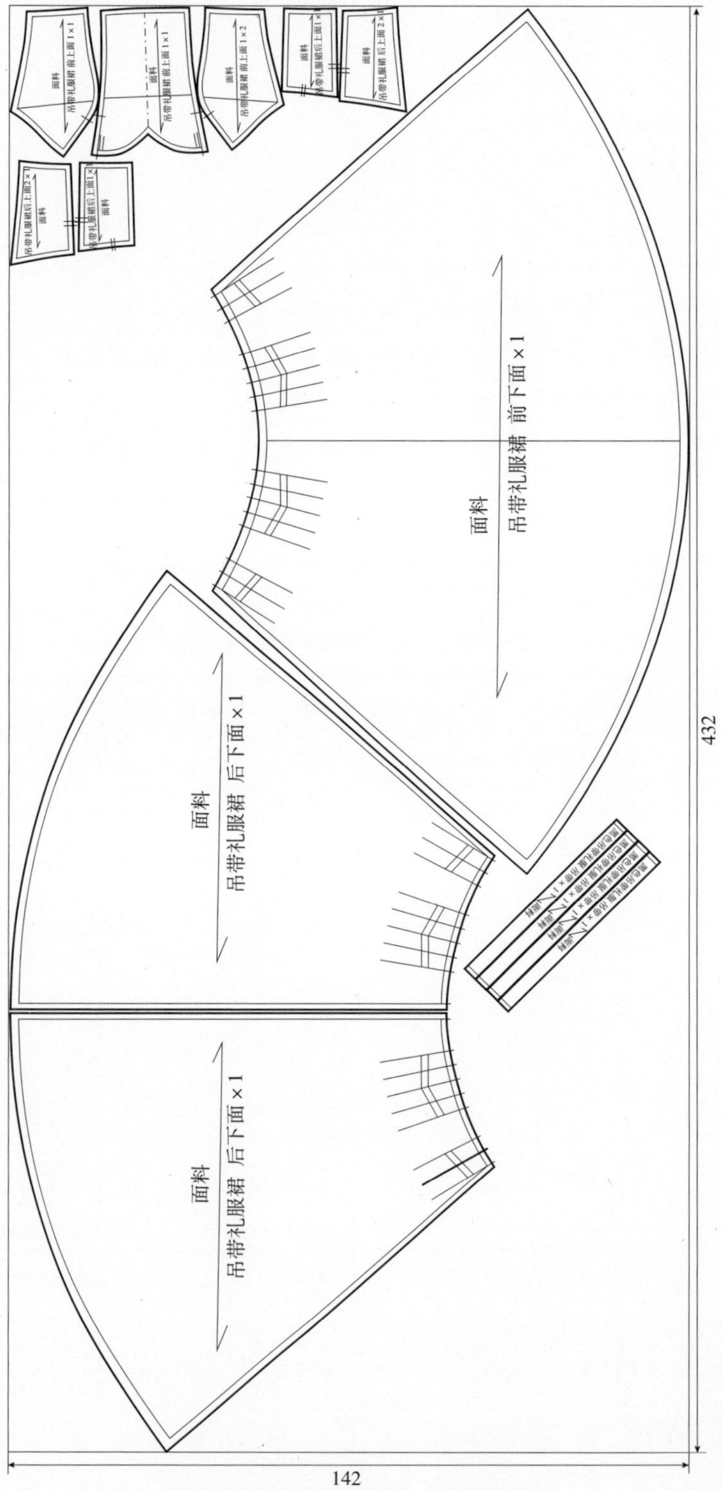

图2-3-1 礼服面料排料（单位：cm）

110

里料
吊带礼服裙 后下里×2

吊带礼服裙 前下里×1
里料

142

120

里料
吊带礼服裙 后下里×2

吊带礼服裙 后上里1×1
里料

吊带礼服裙 后上里2×1
里料

吊带礼服裙 前上里1×1
里料

吊带礼服裙 前上里2×1
里料

吊带礼服裙 前上里1×1
里料

吊带礼服裙 后上里2×1
里料

吊带礼服裙 后上里1×1
里料

142

30

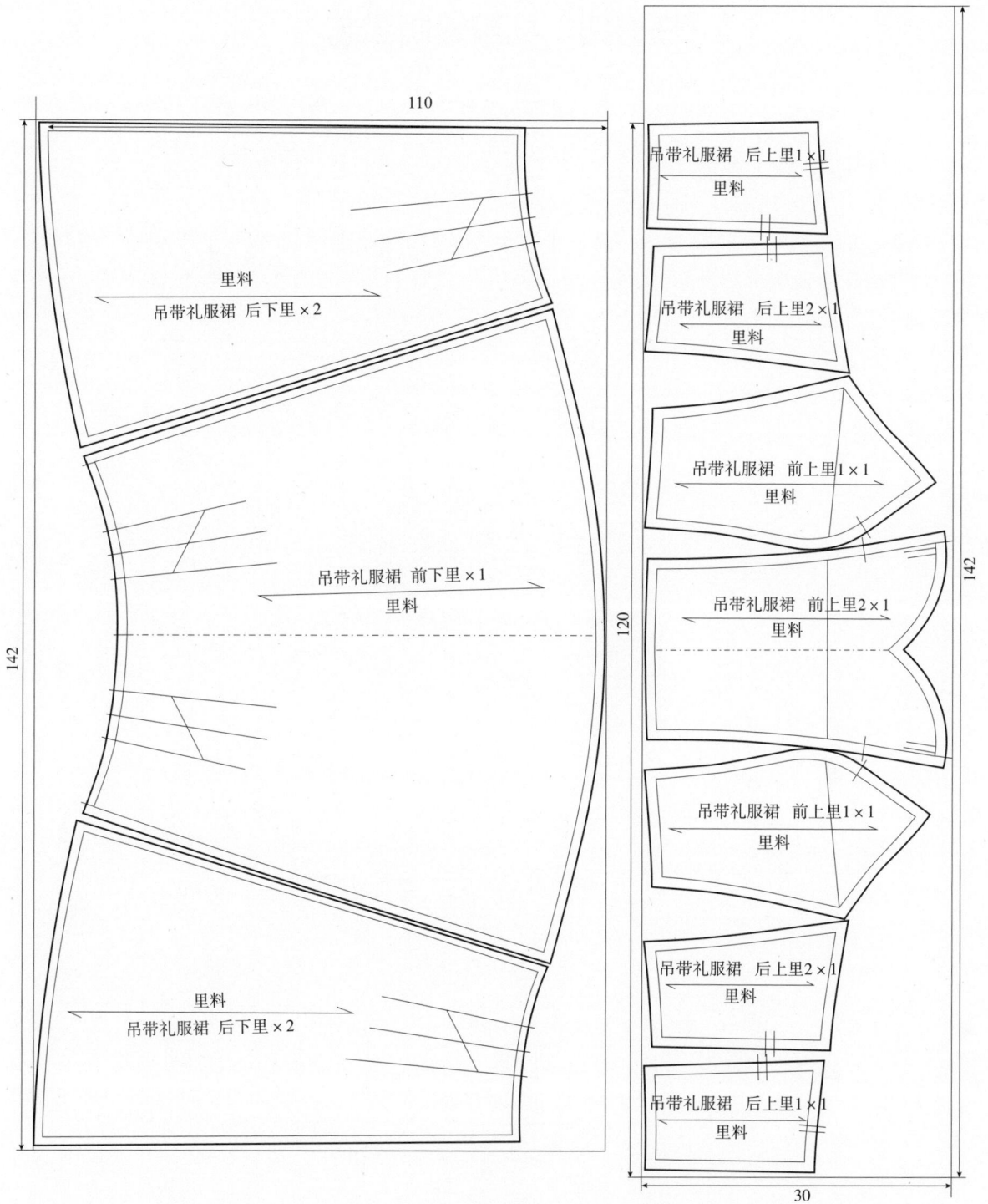

图2-3-2 礼服里料排料（单位：cm）

任务四　礼服缝制工艺

一、礼服缝制工艺流程

样板、面料修剪→肩带制作→前上半身拼合及熨烫→后中来去缝→上半身面、里料拼合→下半身拼合及熨烫→裙腰节打褶→下摆卷边→礼服上、下衣身拼合→绱拉链→质检整烫（图2-4-1）。

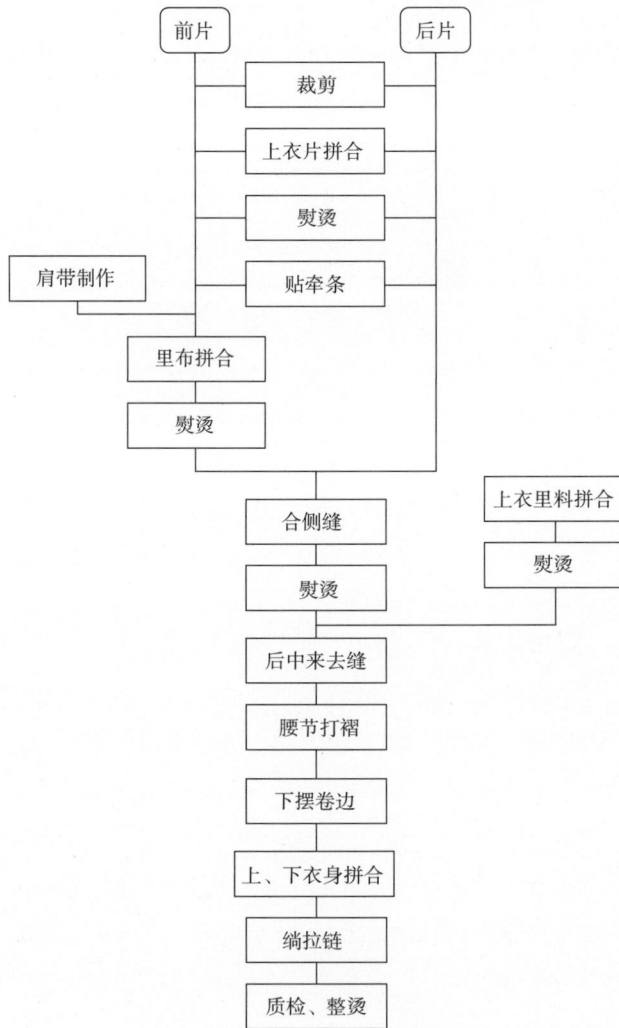

图2-4-1　礼服工艺流程

二、礼服缝制前准备

1.针号和针距

针号为11号；针距为13～14针/3cm，调节底面线松紧度。

2.压脚

单边压脚宽0.3cm，双边压脚宽0.5cm。

3.止口处理

来去缝、卷边、绱拉链。

三、礼服缝制步骤（表2-4-1～表2-4-10）

表2-4-1　礼服的裁剪

（1）立裁后的裙摆裁片利用数字化绘图仪输入，绘图仪输出得到打印后的礼服裙纸样。

（2）礼服裙的下摆较大，较费面料。打开纸样可以看到普通面料门幅尺寸不够，所以选择横丝裁剪。

（3）通常情况下以光边为布边，现以门幅为布边进行裁剪。将纸样对折放在面料对折线上。

（4）打上剪口，旋转纸样。

（5）前片下半部分裁剪完成。

（6）后片是两片裁片，即双层裁剪。纸样下面平铺两层面料，布边与纸边对齐。

（7）布边比较紧，在间距相同（5cm左右）处剪开0.7cm左右，防止纱向歪斜。

测量丝缕方向

（8）裁片比较大，需要测量纸样与面料的丝缕方向是否一致。

（9）在纱向的上下两端分别量取数值比较，数值一样即纱向顺直。

后中缝拉链位置

（10）裁剪完便可打上剪口。在后中缝拉链位置处打上剪口。

零头料修剪

（11）剩余的裁片选用零头面料进行裁剪。

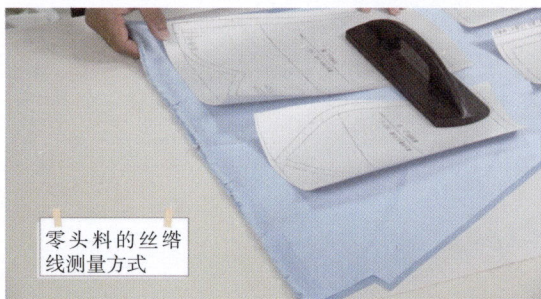

零头料的丝缕线测量方式

（12）零头面料也可以采用布边对齐纸边的方法，排好样板进行丝缕校准。

（13）用尺子量取数据辅助校准丝缕。

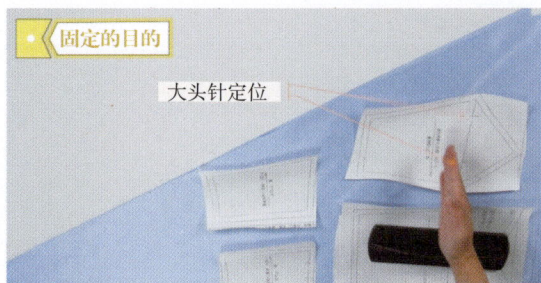

固定的目的

大头针定位

（14）用大头针将裁片和面料别起来固定。确定其中一片的丝缕之后可以作为基准参考，辅助另几片纸样的丝缕固定。

续表

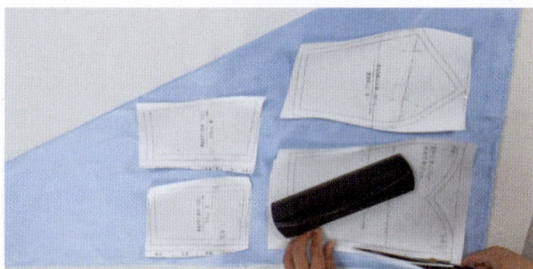

（15）丝缕校准好后便进行裁剪。

（16）裁剪完后每个裁片依次打上剪口。

（17）礼服上半部分裁剪完成。

表2-4-2 礼服的肩带制作

（1）准备一根45°斜丝的面料，宽度为3cm。

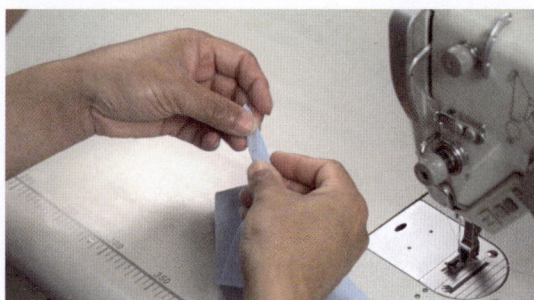

（2）将斜丝面料条对折。

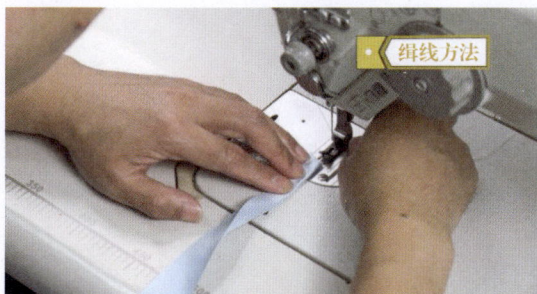

（3）将面料置于压脚下面，缉缝0.5cm的线迹。压脚边沿着针板的第一根线向下缉缝。

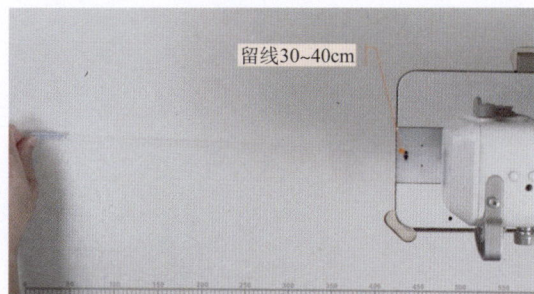

（4）缉到末端不断线，将底线和面线拉出来，留30~40cm余量，然后剪断。

（5）再沿着原来的线迹，距离末端大约5cm处缉一道线。同样拉出线，留一样的长度。

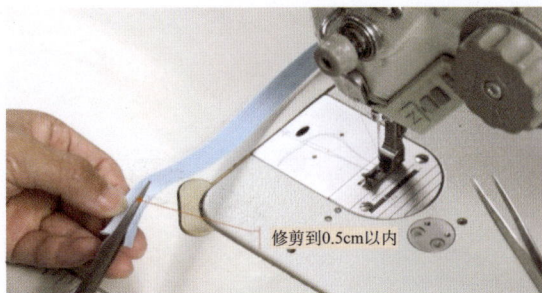

修剪到0.5cm以内

（6）修剪肩带到0.5cm以内，便于接下来将肩带做净。

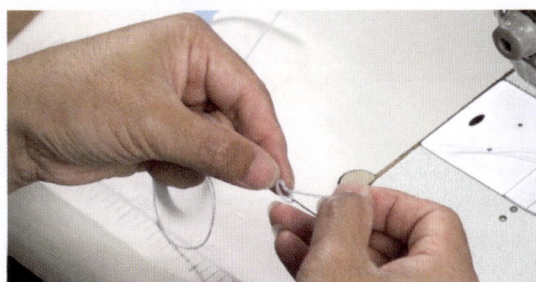

（7）将缉完的两根线穿入一根机针内。在机针针孔处打个结。

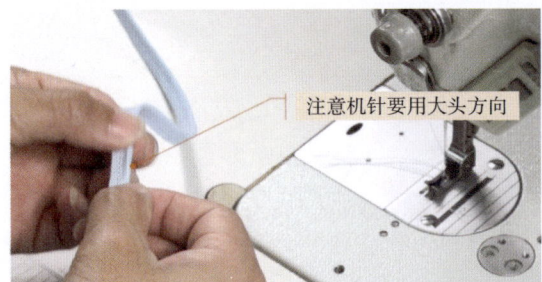

注意机针要用大头方向

（8）由于肩带长度较长，用机针穿回肩带内部需要4股线，这样才会较牢固。用机针的大头方向往里穿，尖头容易刺破或者钩住面料。

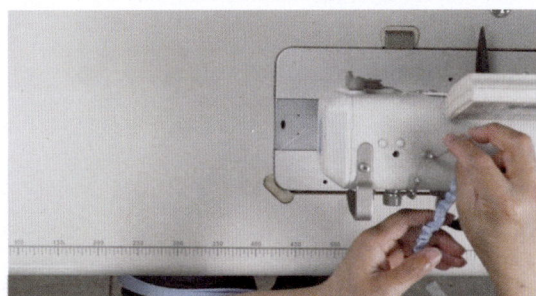

（9）穿完后用机针尖插到缝纫机上。

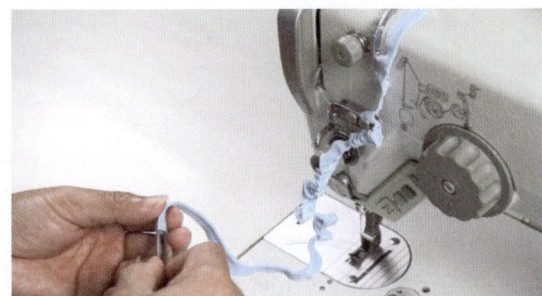

（10）用镊子将末端的口子打开，把边上的缝份塞进去，慢慢向后拉。

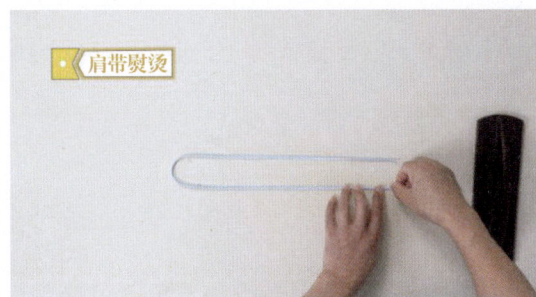

肩带熨烫

（11）将肩带全部翻过来用熨斗熨烫。

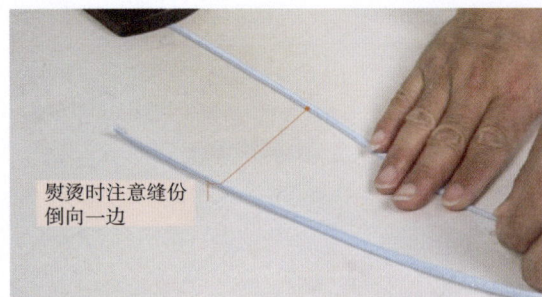

熨烫时注意缝份倒向一边

（12）熨烫肩带一端的开始处后用压铁压住，整理好缝份，使其倒向一边。烫好一段用压铁定型。

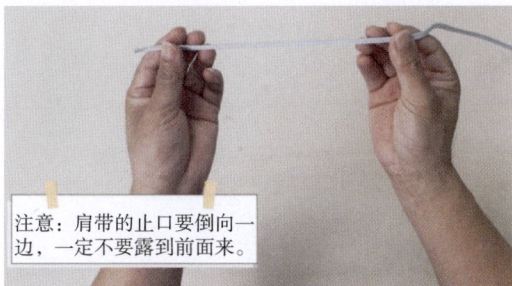

注意：肩带的止口要倒向一边，一定不要露到前面来。

（13）检查肩带的止口要倒向一边，不能旋转扭动，正面不能看到缝份，这样肩带就制作完毕了。

表2-4-3 礼服前上半身拼合及熨烫

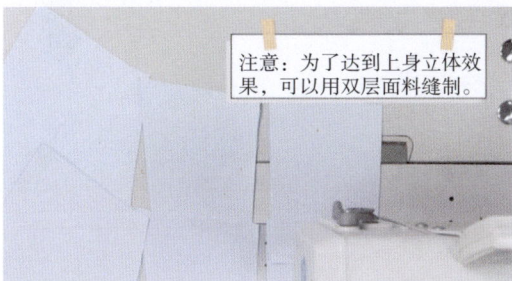

注意：为了达到上身立体效果，可以用双层面料缝制。

（1）为了达到上身立体的效果，用双层面料缝制塑型。

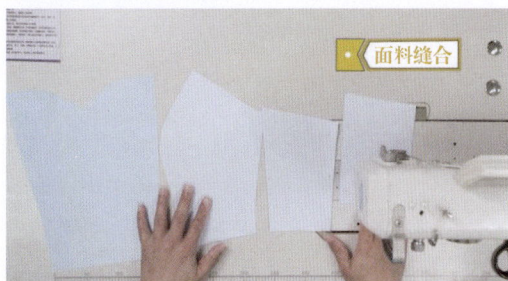

面料缝合

（2）先把里料收起来，将面料进行缝合。理顺裁片：从右向左，依次是后中、后侧、前侧、前中。

（3）从前片开始依次将其拼合，缝份为1cm。由于两个拼合的裁片有弧度，先要比较一下其长度是否一致。

后片拼合

（4）前片拼完后将后片进行拼合。从拼合侧缝开始。

前片上半部分熨烫

（5）前片拼完后进行熨烫。平烫每个缝份。

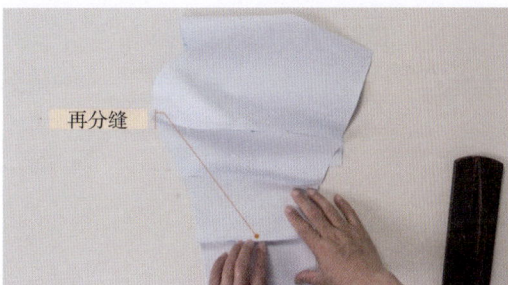

再分缝

（6）依次进行分缝熨烫，直线部分先熨烫。

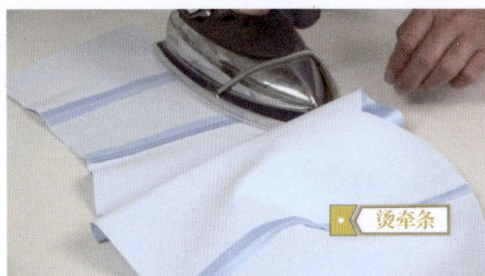 烫牵条	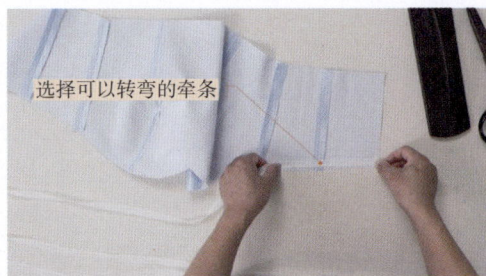 选择可以转弯的牵条
（7）接着将胸围处熨烫平整，再在胸围处熨烫牵条。	（8）选择可以转弯的牵条（斜纱或子母）粘衬进行熨烫。可以转弯的牵条的黏合衬有三分之二是斜纱，三分之一是直纱，牵条中有一条缝线固定长度便可以较好地将胸围弧线处定型。
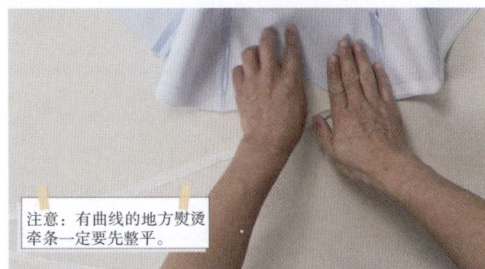 注意：有曲线的地方熨烫牵条一定要先整平。	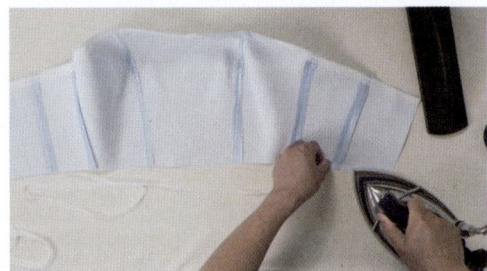
（9）将面料放平整，在前胸曲线弧度较大处熨烫牵条。	（10）上衣下摆处应选择普通牵条。

（11）礼服上衣里料也是一样的面料和板型，再做一样的里料便完成了。	

表2-4-4 礼服后中来去缝的缝制方法

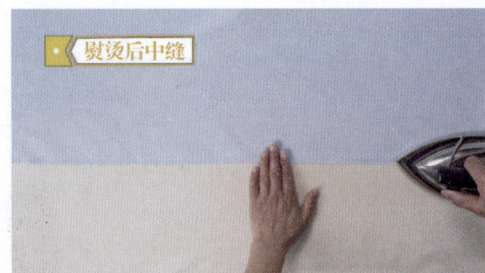 熨烫后中缝	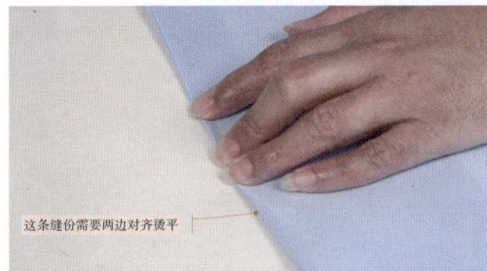 这条缝份需要两边对齐烫平
（1）礼服裙片后中拼缝为0.4cm缝份（做来去缝），将拼好的缝份熨烫平整。	（2）将缝份打开熨烫平整。再把裙片翻到正面对齐，进行熨烫。

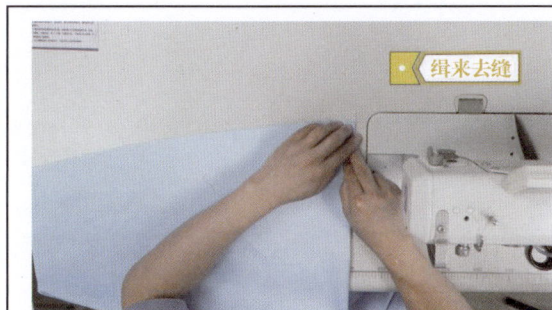 缉来去缝 （3）缉缝第二道来去缝线，缝份为0.6cm。	 （4）到绱拉链处向下3.5cm做个记号。
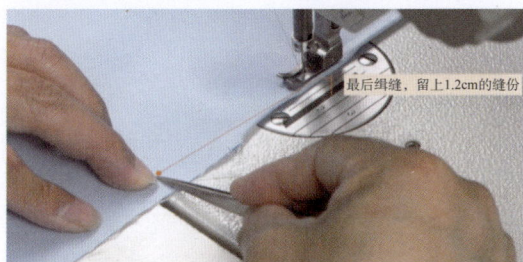 最后缉缝，留上1.2cm的缝份 （5）继续缉到记号处留1.2cm的缝份，后中来去缝便完成了。	

表2-4-5　礼服上半身面里料拼合

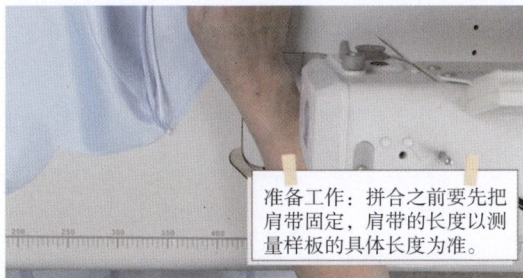 准备工作：拼合之前要先把肩带固定，肩带的长度以测量样板的具体长度为准。 （1）拼合面里料之前先把肩带固定，肩带长度和固定的点是之前设计时量取的样板长度和位置。长肩带长为38cm，短肩带长为36cm。肩带固定在前中和前侧拼缝线，以及后侧拼缝线和后中片中间位置。	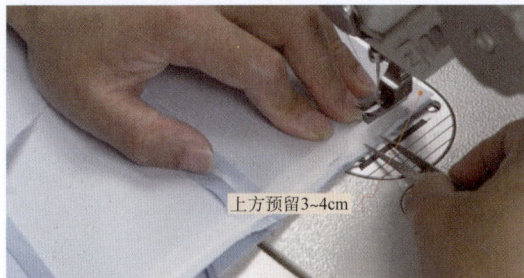 上方预留3~4cm （2）将面料放在上层，与里料叠放整齐，上端预留3～4cm开始拼缝。在拼缝时对齐每个点位，把肩带整理好避免误缉。在缉比较厚的地方时用手指按压住压脚，防止面料滑动错开。
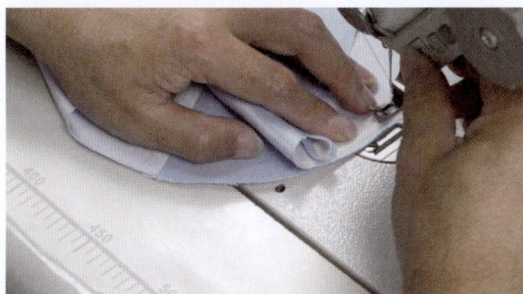 （3）在过前中点的时候倒回车，防止打剪口时把线剪断。	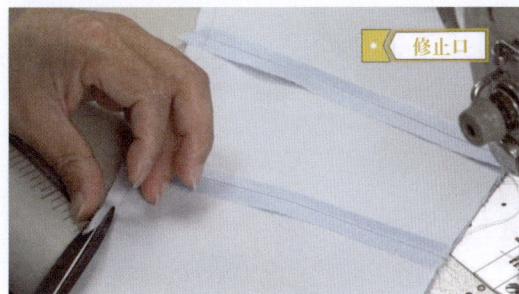 修止口 （4）翻过来将里料这层的止口修小。

缉止口线

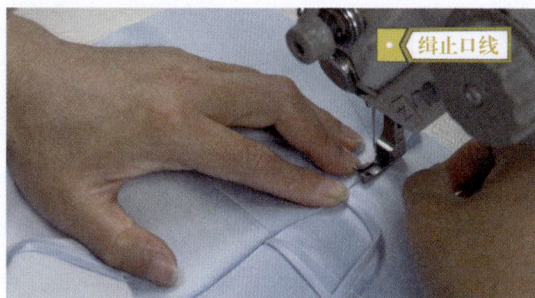

（5）再翻回正面，在里料处压0.1cm的止口线。

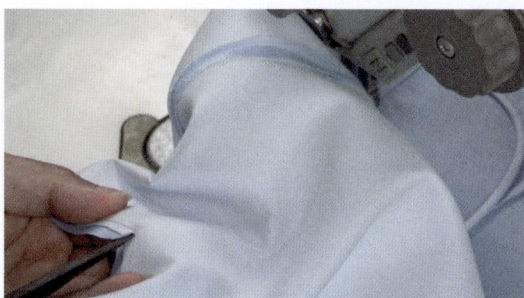

（6）在胸口位置打剪口。

（7）将肩带位置调整好，放平整，缉缝。

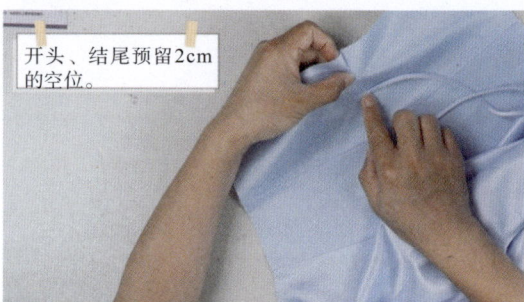

开头、结尾预留2cm
的空位。

（8）正面的压线是距离头尾预留2cm的空位处，两端倒回车。

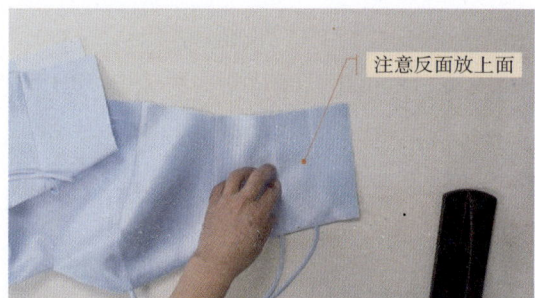

注意反面放上面

（9）礼服裙上衣拼好后进行熨烫，将里料放在上面。

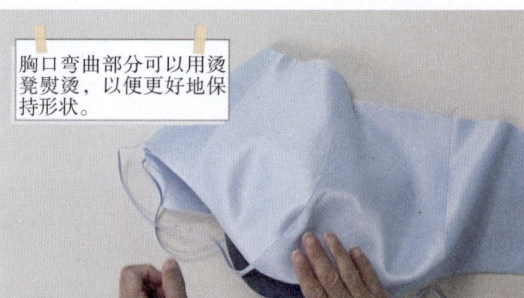

胸口弯曲部分可以用烫
凳熨烫，以便更好地保
持形状。

（10）胸口弧线弯曲部分可以用烫凳熨烫，这样可以更好地保持形状。

（11）礼服裙的上衣部分完成。

表2-4-6 礼服下半身拼合及熨烫

注意反面向上	缝位缉0.4cm
（1）前裙片的反面向上，将后裙片放在前裙片上，正面与正面对齐。	（2）同样采用来去缝的方法，第一条缝位缉0.4cm。接着缉缝另一条边。
倒缝熨烫	注意这条缝要放、放平整
（3）缉缝完毕，熨烫缝份。	（4）将缝份的纱向放平直，裙片放置平整。如果缉缝歪斜，有多余的量要归拢熨烫平整。
缝位修剪	
（5）烫完后，将多余缝份修剪干净，确保缝位小于0.4cm。用同样的操作方法将另一边也处理好。	（6）接着熨烫正面。修剪线头，另一边也就熨烫完成了。

表2-4-7 礼服裙腰节打褶

按照剪口位置打工字褶	
（1）按照剪口的位置，用镊子辅助折叠出一个工字褶。	（2）缉缝固定，接着将另一半工字褶折叠好一起固定。

续表

后片倒褶方式

（3）后片褶向侧缝方向倒。

前片倒褶方式

（4）前片褶也向侧缝方向倒。

重点观察注意工字褶的缝合方式。

（5）前、后片各两个工字褶。

（6）礼服下半裙部分便完成了。

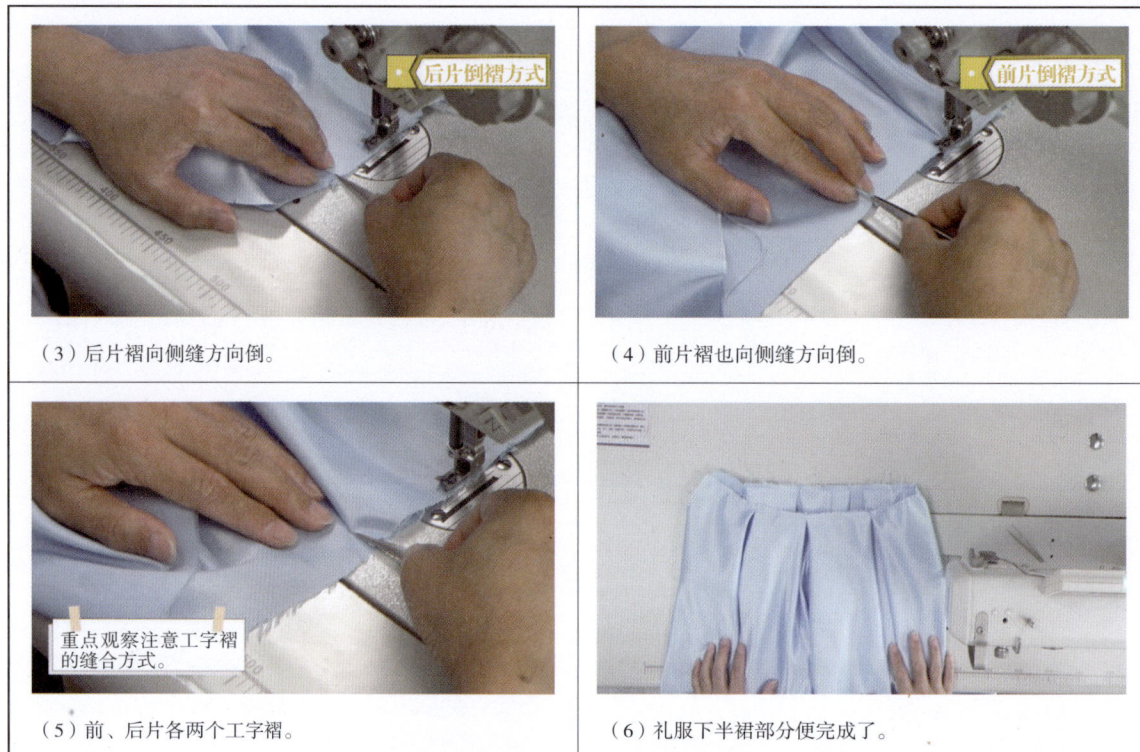

表2-4-8　礼服下摆卷边

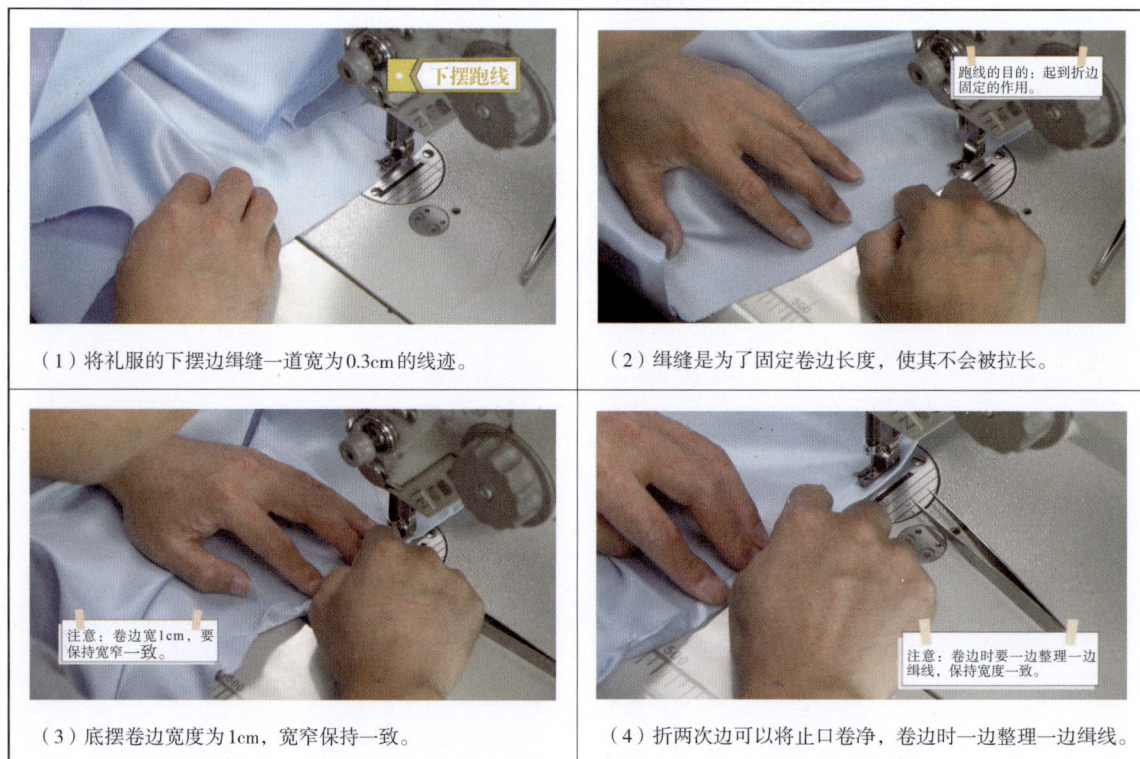

下摆跑线

（1）将礼服的下摆边缉缝一道宽为0.3cm的线迹。

跑线的目的：起到折边固定的作用。

（2）缉缝是为了固定卷边长度，使其不会被拉长。

注意：卷边宽1cm，要保持宽窄一致。

（3）底摆卷边宽度为1cm，宽窄保持一致。

注意：卷边时要一边整理一边缉线，保持宽度一致。

（4）折两次边可以将止口卷净，卷边时一边整理一边缉线。

（5）下摆卷边完毕。

表2-4-9　礼服上下衣身拼合

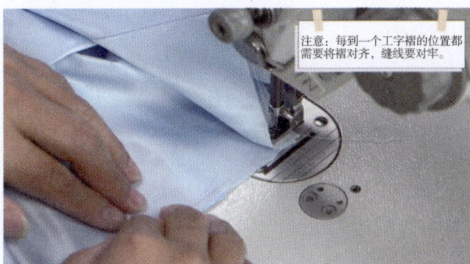

注意：每到一个工字褶的位置都需要将褶对齐，缝线要对牢。

（1）拼合上下衣身时要注意每个工字褶的位置需要将褶对齐放平，缝线对齐，缝份为1cm。

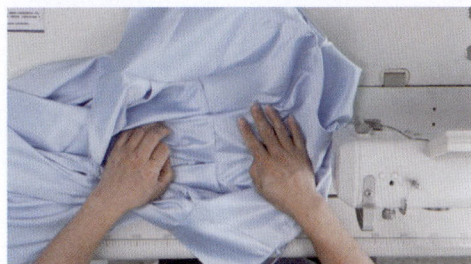

（2）面料拼合完毕，里料做法一致，便可完成礼服裙的上、下衣身拼合。

表2-4-10　礼服绱拉链

（1）用单边压脚绲缝同色系的隐形拉链，缝份为拉链的宽度。

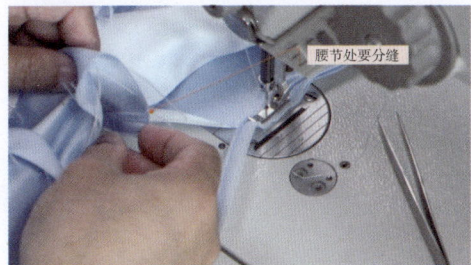

腰节处要分缝

（2）绲缝到腰节处要进行分缝处理，拉链要整理平整，松紧合适。

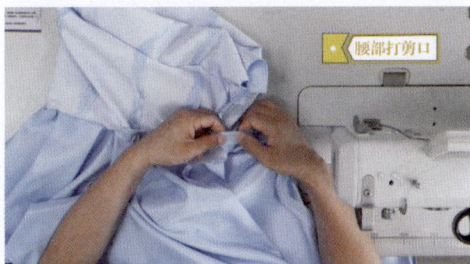

腰部打剪口

（3）缝完后将拉链拉上，腰部的拉链打上剪口，缝制另一边的拉链便可对齐。

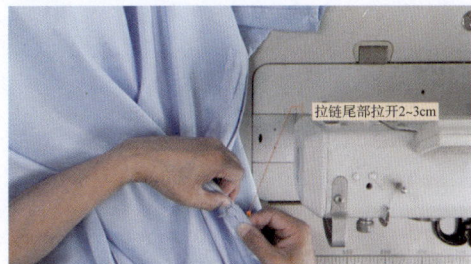

拉链尾部拉开2~3cm

（4）拉链尾部拉开2～3cm，来固定右边的位置。

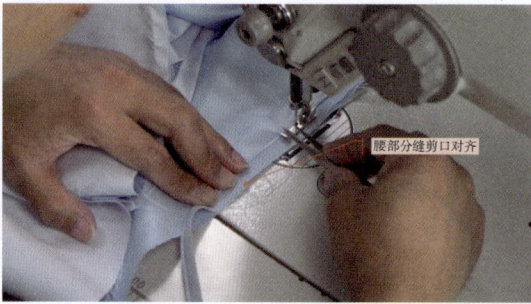

（5）观察拉链剪口和腰节处能否对齐，腰节处分缝。

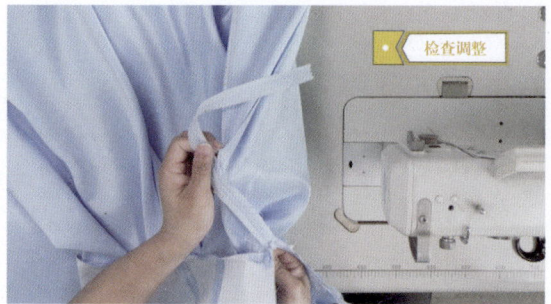

（6）拉链拉起来检查一下，如果没对齐，便拆掉调整重新缝制。

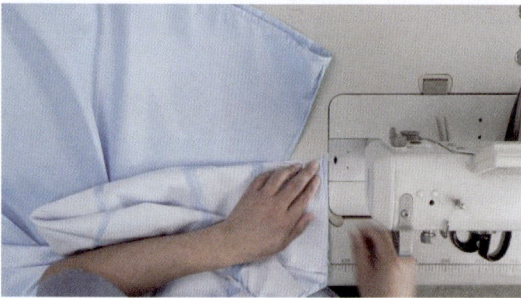

（7）为了便于绱里料，在缝份处斜向修剪0.8cm的缝份。

（8）把缝份拉紧对齐，让面料留有松量。

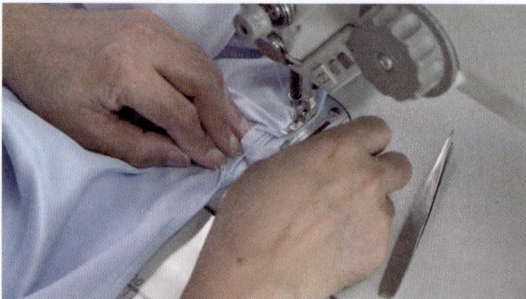

（9）接着便开始缝面、里料。面料没有分缝处要继续分好，整理好拉链，里料压在最上层。另一侧也用同样的方法缝制。

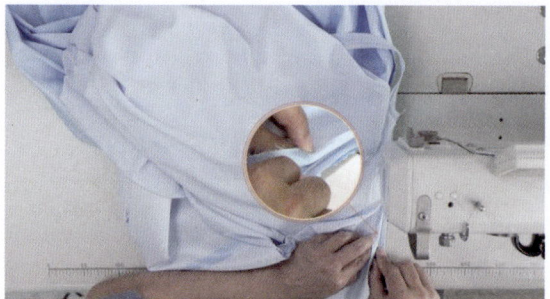

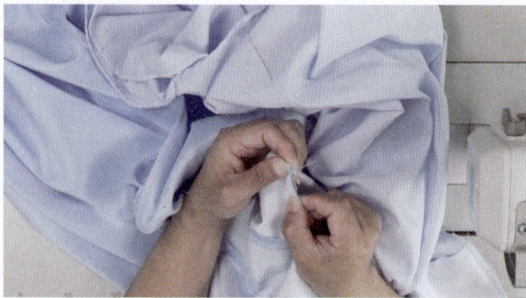

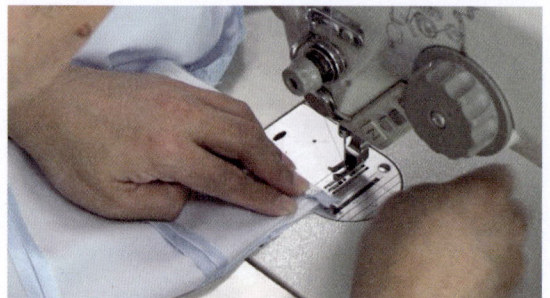

（10）换完压脚，将缝份对折，面料包在拉链的外侧，里料在内侧，这样面料多的余量正好够用，可以使此处做得更平整，缉缝一条线固定。另一边同样处理。

用里料把拉链头缲一个包边

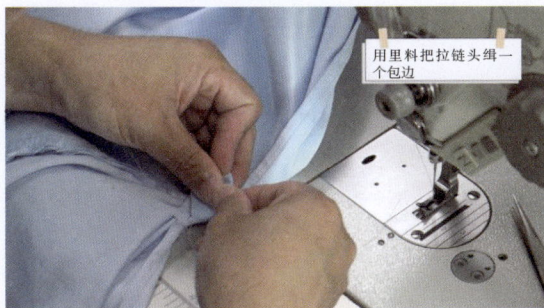

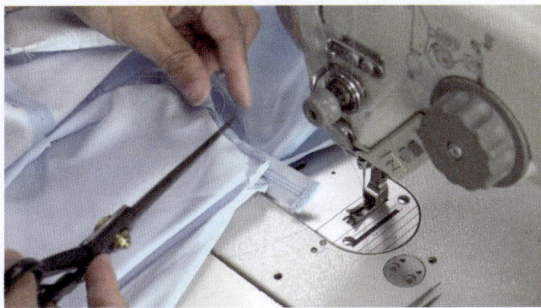

（11）将拉链剪断，用里料将多余的量包干净。反面先缲缝两端，再翻过来折两次就可包缝干净。

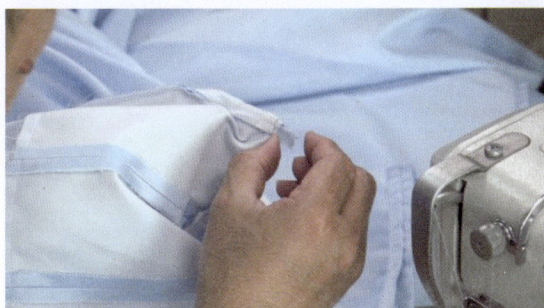

（12）将领口处拉链头露出部分（大于1.5cm就修掉）往里折，用手捏住缝份，翻过去。

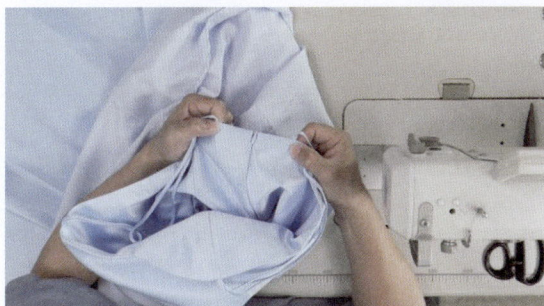

（13）翻过来将拉链拉起检查，拉链部分对齐平整，礼服裙便完成了。

四、礼服成品外观质量要求

1. 外观质量要求

（1）拉链应平服、均匀不起皱、不豁开。

（2）线迹均匀顺直，止口不反吐，左右宽窄一致。

2. 缝制要求

（1）缝线平整，不起皱、不扭曲。底面线均匀、不跳针、不浮线、不断线。

（2）画线、做记号不能用彩色画粉，所有唛头不能用钢笔、圆珠笔涂写。

（3）面、里料不能有色差、脏污、抽纱、不可恢复性针眼等。

（4）口袋、打褶等，定位要准确、定位孔不能外露。

（5）拉链不得起波浪，上下拉动畅通无阻。

3. 成品规格测定

成品的主要部位规格尺寸测量方法、规格尺寸允许偏差按表1-4-27、表1-4-28规定。

4. 整烫

整烫质量要求同项目一任务四。

具体成品如图2-4-2所示。

图2-4-2　礼服成品

西服连衣裙高级定制

任务一　西服连衣裙人体测量注意事项及放松量设置

一、西服连衣裙人体测量注意事项

（1）穿着要求：最好穿着合身的内衣进行测量，避免穿着过厚或过紧的衣物，以确保测量的准确性。

（2）姿势要求：站立直挺，双脚并拢，双臂自然下垂，不要深呼吸，保持自然呼吸状态。

（3）测量顺序：按照从上至下的顺序进行测量，避免漏量。例如，可以先测量领围、肩宽，再测量胸围、腰围、臀围等。

（4）松紧度控制：在测量过程中，软尺应保持适当的松紧度，既不可过紧也不可过松，以确保测量的准确性。例如，在测量胸围时，软尺内可放一个食指，为保有宽松度，不紧勒，应在测量后放松2cm。

（5）特殊体型记录：对于特殊体型，如驼背、挺胸、凸肚、溜肩等，需要特别观察和记录，以便在定制时做出调整，使服装穿着更为合体。

（6）细节尺寸：除了基本的尺寸外，还需要注意一些细节尺寸，如领围、袖口宽度等。这些尺寸可以根据个人喜好和需要进行调整。

（7）记录与核对：测量完成后，应仔细记录每个尺寸的结果，并与定制号型进行核对，以确保规格的正确性。

（8）与制板师沟通：如果选择定制西服连衣裙，应将测量结果和特殊需求告知制板师，以便他们根据客户的体型和喜好进行裁剪和制作。

请注意，以上注意事项仅供参考，具体测量方法和要求可能因款式和个人需求而有所不同。

二、西服连衣裙放松量设置

西服连衣裙的放松量主要考虑人体活动需求、服装款式、面料特性等因素。放松量，也称为加放量，是为了确保服装满足人体的各种姿态和活动需要，而在量体所得数据基础上增加的余量。对于西服连衣裙这类服装，放松量的设置尤为重要，以确保服装的舒适性和合身性。

（1）胸围的放松量：考虑到内衣的厚度，西服连衣裙的胸围加放量在6~8cm，以达到合体效果。

（2）肩宽、领围等部位的放松量可以适当增加，以确保服装的合身与舒适。

（3）腰、臀围的放松量：腰围尺寸一般加0~4cm的松量，而臀围一般是加6~8cm的松量，特别是对于针织弹力的面料，放松量的设置还需考虑面料的弹力大小。

（4）裙长的定量：裙子的长度尺寸比较灵活，可以根据顾客喜欢的长度设定裙长。

任务二　西服连衣裙结构设计

一、西服连衣裙款式说明

本款为西服连衣裙，上半身为西服造型款式，下半身为包臀裙款式。领为西服平驳领，袖为短袖，合体收腰，腰带做不对称设计，前裙片左右各一个单嵌线口袋（图3-2-1）。

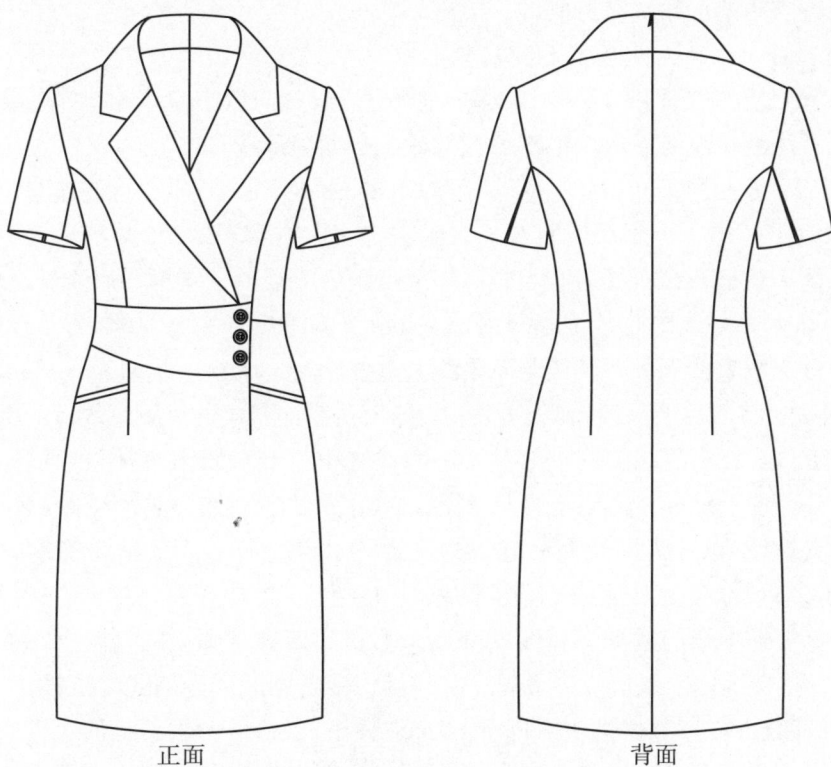

正面　　　　　　背面

图3-2-1　西服连衣裙正、背面款式图

二、西服连衣裙规格尺寸（表3-2-1）

表3-2-1　西服连衣裙成品规格尺寸

单位：cm

号型	后中长	背长	肩宽（S）	领围（N）	胸围（B）	腰围（W）	臀围（H）
160/84A	100	38	38	40	88	74	94

三、西服连衣裙结构制图

1. 西服连衣裙结构制图步骤

（1）西装连衣裙的基本框架（图3-2-2）：

①上平线：画出后裙片的基础上平线。

②后中心线：垂直于上平线，向下画出长100cm的后中心线。

③下平线：垂直于后中心线，从后中心线底部向右水平画线，即为下平线。

④胸围线：在后中心线上自上平线向下量取（$B/6$）+10cm，水平向右画线，即为胸围线。

⑤腰围线：从上平线开始，沿后中心线向下量取背长的量，水平向右画出腰围线。

⑥臀围线：自腰围线向下取18cm，水平画出臀围线。

（2）西装连衣裙的后裙片结构制图：

①后领宽：在上平线上向右水平量取$N/5$，即为后领宽。

②后领圈弧线：在上平线下方2cm处画一条平行线，与后中心线相交，将交点与后领宽点用弧线画顺，注意该弧线靠近后中部分应与后中心线局部垂直。

③后肩斜线：从后领宽点开始，沿着上平线向右量15cm，再垂直向下量5.2cm，取一点，将该点与后领宽点相连，得到后肩斜线。自后中心线向右水平取$S/2$并与后肩斜线相交于一点，则该交点即为该款西装裙的肩端点，后领宽点距肩端点的长度即为后肩长，用△表示。

④胸宽：从后中心线向右量（$B/4$）−0.5+0.6cm（偏移量）+0.6~0.7cm（刀背缝的量）+○取一点，自该点垂直向下画一条线与下平线垂直并相交，则这条线即为胸宽线。

⑤后腰围线：将原后腰围线抬高1~2cm，即为西服连衣裙的后腰围线。

⑥后袖窿弧线：在肩端点水平向左取1~2cm长的线段，过该线作胸围线的垂线，则该线即为背宽线，将肩端点与腋下点用弧线相连并与背宽线相切，形成后袖窿弧线，调整至看起来顺畅。

⑦后侧缝省道转移：为了让西服连衣裙更合体，并且符合人体活动需求，因此做省转移。在抬高的后腰围线上，从后中心线向侧缝18.5~19cm处取一点，作为省中点，取省宽为2cm，上省尖点为省中线与后袖窿弧线的交点，下省尖点为省中心线与臀围线的交点向右偏移0.6~0.8cm，连接这四个点形成枣形省，并拼接这个省则完成后侧缝省转移。

⑧后片刀背缝：在背宽线的中点向上1.5cm处取一点，作为刀背缝的上省尖点。将抬高腰围线的中点作刀背缝的中点，在胸围线上从后中心线向右量12~12.5cm取一点，向右距该点0.6~0.7cm处再取一点，在抬高的后腰围线上自后中心线向右量10.5cm处取一点，作为刀背缝的左端点，向右距左端点3~4cm处取一点作为右端点，连接这5个点作弧线并画顺，打好剪口；在省中心线上取距离臀围线5~6cm处取一点作为刀背缝的下省尖点，直线连接下省尖点与左、右省端点，画顺省线，则为后片刀背缝。

⑨西服连衣裙的后中心线：在胸围线上自后中心线向右0.6cm取一点，在腰围线上自后中心线向右1.5cm取一点，画后背弧线；裙底边线上自后中心线处向右1cm取一点，再连接后背弧线与该点，作为新后中心线的辅助线；在辅助线上自裙底边向上取20cm作为开衩长度，水平向外4cm为开衩宽度，连接开衩与后中心的线条，则为西装裙的后中心线。

⑩后侧缝线：在腰围线上，向内收1~1.2cm，在臀围线上，向外放0.5~1cm；在下平线

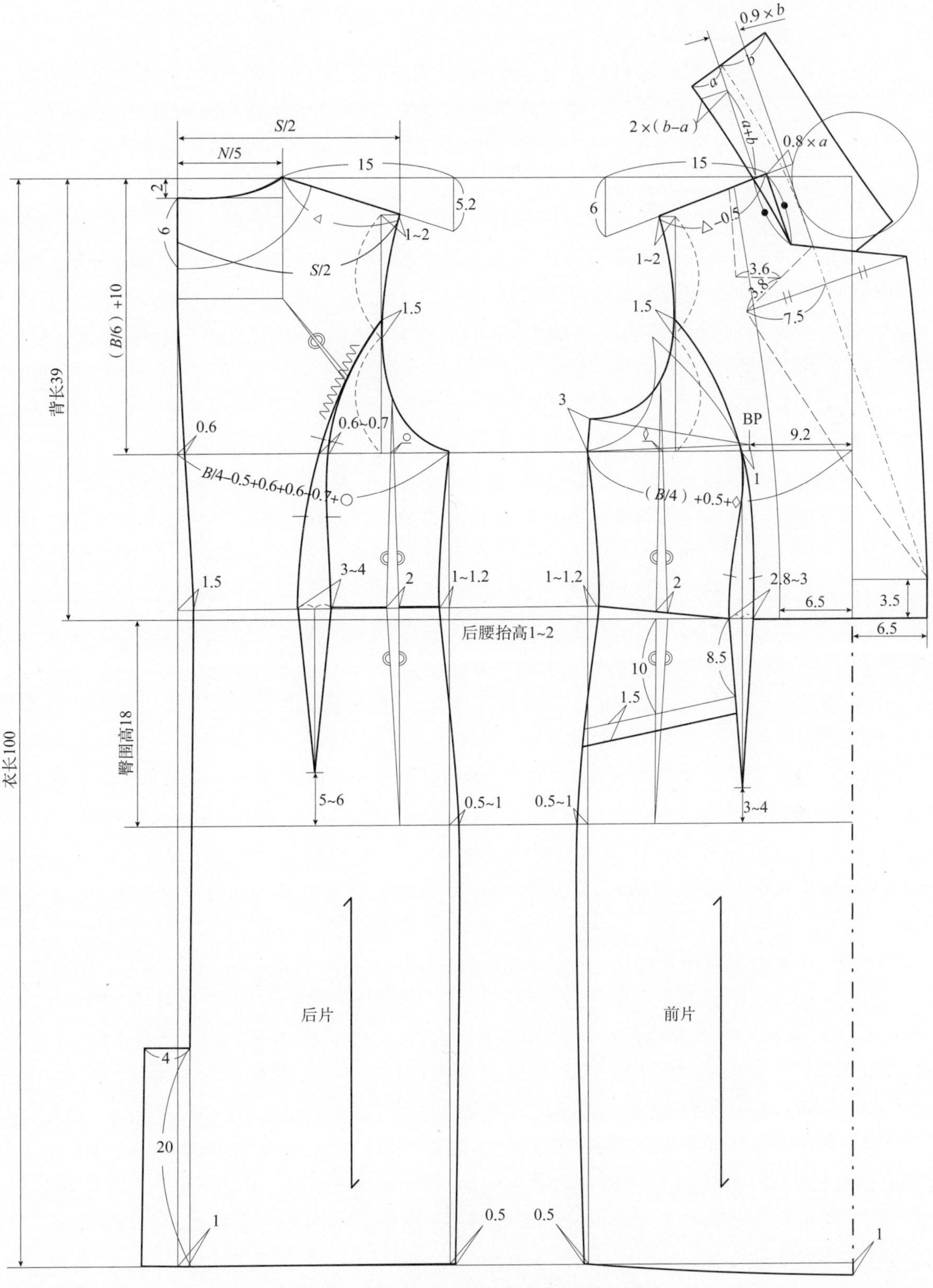

$0.9 \times b$

$2 \times (b-a)$

$0.8 \times a$

$a+b$

$S/2$

$N/5$

15

5.2

2

6

$(B/6)+10$

$S/2$

1~2

1.5

0.6

$B/4-0.5+0.6+0.6-0.7+\bigcirc$

0.6~0.7

背长39

1.5

3~4

2

1~1.2

6

15

1~2

1.5

-0.5

3.6

3.8

7.5

3

BP

9.2

1

$(B/4)+0.5+\diamondsuit$

1~1.2

2

2.8~3

6.5

3.5

6.5

后腰抬高1~2

10

8.5

1.5

臀围高18

衣长100

5~6

0.5~1

0.5~1

3~4

后片

前片

4

20

1

0.5

0.5

1

图3-2-2 西服连衣裙结构制图（单位：cm）

上，向外加放0.5cm，画成流畅弧线，即为侧缝线。

（3）西装裙的前裙片结构制图：

①前中心线：距离后中心线向右至少60cm处开始，垂直于前片上平线向下画前中心线。

②前领宽：沿上平线自前中心线向左量取$0.09B-0.2=7.72$cm，作为前领宽。

③前肩斜线：从前领宽点开始，沿着上平线向左量15cm，再垂直向下量6cm取一点，将该点与前领宽点相连，得到前肩斜线，在前肩斜线上取$\triangle-0.5$cm即为前肩长。

④前胸宽：以后片胸围线为基础胸围线，在胸围线上自前中心线向右量$(B/4)+0.5+\diamondsuit$（$\diamondsuit$为0.6~0.7cm，即刀背缝的量）取一点，则该点到前中心线的距离即为前胸宽。过该点作下平线的垂线，即为前胸宽线。

⑤胸高点：自前中心线与上平线的交点向下量23.5~25cm，并从前中心线向左取9.2cm确定一点，即为胸高点（BP）点。

⑥胸省量：前胸宽点与BP点连接后，以BP点为旋转中心，将连接线向上旋转3cm左右作为胸省量。

⑦前袖窿弧线：自肩端点水平向右1~2cm取一点，过该点作一条垂直于胸围线的直线，将向上旋转的胸省端点定为新袖窿底点，连接前肩端点和袖窿底点，形成前袖窿弧线，调整至顺畅。

⑧前侧缝省量转移：在腰围线上，从前中心线向侧缝16.5~17cm处取一点，作为省中心点，取省宽为2cm在腰围线上形成左、右省端点。省中心线向上与前袖窿弧线的交点为前侧缝省的上省尖点；省中心线向下与臀围线交于一点，在此交点向侧缝偏移0.6~0.8cm处取一点，为侧缝省的下省尖点，连接左、右省端点与上、下省尖点形成枣形省，拼接这个省则完成前侧缝省转移。

⑨前片公主缝：在袖窿深线1/2并向上1.5cm处取一点，作为前片公主缝的上省尖点；在BP点向左1cm处取一点，过该点作一条垂直于臀围线的直线，在腰围线上以这条垂线为省中心线，取2.8~3cm的省量（即左、右省端点间的距离），将公主缝上省尖点与左、右省端点用弧线连接并画顺、打剪口；在省中心线距臀围线向上3~4cm处取一点作为下省尖点，直线连接下省尖点与左、右省端点，画顺弧线与直线，则为前片公主缝。

⑩基点：自领宽点向左取$0.8\times a$（a为领座宽3.2cm）。

⑪驳头止点：在腰围线自前中心线向右延长6.5cm并抬高3.5cm处取一点，作为驳口止点。

⑫驳折线：在领子横开领的基础上延长$0.8\times a$，以上平线与前中心线的交点作为圆心，以领宽$+0.8a$作为半径，画圆；使驳口止点与圆左边相切，这条切线即为驳折线（用双点划线表示）。

⑬驳头宽：垂直于驳折线，取7.5cm，即为驳头宽。

⑭前领造型：按领面宽≥驳角长>领角长的原则设计，也可以根据款式进行设计。本款西服连衣裙的领面宽为4.1cm，驳角长为3.8cm，领角长为3.6cm，来设计翻领。依据领面宽、驳角长、领角长，以及驳头宽来设计前领造型，沿着驳折线对称。连接串口线与领宽点，形成前领的基本造型。

⑮后领外围弧线造型：延长翻驳线并向左取$0.9b$的距离作一条平行线；从上平线向上沿长至$a+b$的量作垂线，垂线的长度为$2\times(b-a)$，即为领座的倒伏量，将垂线端点与串口线连

接并延长至"前领口弧长+后领口弧长",调整弧线造型,垂直于领座弧线最上端取 $a+b$ 的量作为领子的宽度;作一条线垂直于这条线并连接领角长(注意,上下连接都形成直角造型),并调整弧线造型,则为完成后领外围的弧线造型。

⑯前侧缝线:将抬高后的前袖窿底点与原来的前袖窿底点直接连接;将前腰围线抬高 1~2cm 并在侧缝处向右 1~1.2cm 取一点,臀围线向左 0.5~1cm 取一点,底边线向左 0.5cm 处取一点,5 个点连线得前侧缝线。

⑰前片腰围分割线造型:以公主缝左省端点为起点,连接抬高后的腰围线并与侧缝线相交,形成前片腰围分割线。

⑱口袋位置:在公主缝左下省道线上自左省端点向下 8.5cm 取一点,在侧缝省左下省道线上自左省端点向下 10cm 取一点,连接两点并与新侧缝线相交,定出上口袋的斜线,将这条斜线水平向下平移 1.5cm,画出口袋的位置分割线。

⑲裙片前中心线:将前中心线自腰围线处向下画单点划线,并在下平线处向下延长 1cm。

⑳前裙片底边线:前中心线延长处与下平线延长 0.5cm 处连顺即可。

(4)西服连衣裙袖片结构制图:

①袖中心线:作竖直向下的直线为袖中心线。

②上平线:在袖中心线上端作一直线与其垂直,为上平线,两者的交点为袖山顶点。

③袖肥线(袖山深线):自上平线向下量取 AH/3 作一水平直线,即为袖肥线。

④前袖山斜线:由袖山顶点向右画一条长前 AH-0.5cm 的斜线并与袖肥线相交,则交点为前袖肥端点,该线即为前袖山斜线。

⑤后袖山斜线:由袖山顶点向左画一条长后 AH-0.3cm 的斜线并与袖肥线相交,则交点为后袖肥端点,该线即为后袖山斜线。

⑥袖口线:自前袖山斜线与袖肥线交点向下 9cm、向左 0.8cm 处取一点,连接该点与前袖肥端点,后片同理,连接前后袖口,即为袖口线。

⑦袖子分割:在后袖山斜线 1/2 处取一点,作一条垂直于后袖口线的直线为后袖省中心线,取 1.5~1.8cm 的省量,分割袖子;在前袖山斜线 1/4 并向上 1cm 处取一点,作一条垂直于前袖口线的直线为前袖省中心线,取 1~1.2cm 的省量。为在缝制时更合理,所以每个拼合位置都要是直角的,如图 3-2-3 所示。

(5)西服连衣裙腰带结构制图(图 3-2-4):

①基础框架:画一个长 28~30cm、宽 10.5~11cm 的长方形。

②上腰带线:将长方形的上边长缩进 0.5cm 并向上抬高 0.3cm。

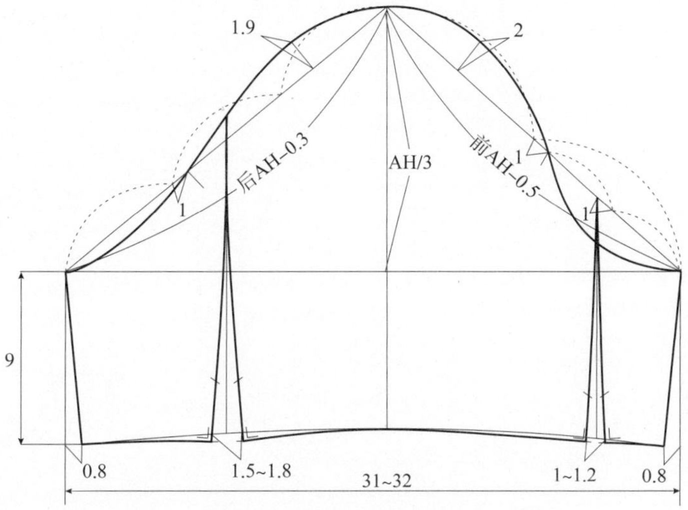

图3-2-3　西服连衣裙袖片结构制图(单位:cm)

③下腰带线：在长方形左边线自下而上量4～5cm，取一点；将长方形的右边线延长0.8～1.2cm，取一点；连接两点并画顺。

④腰带造型：将整个腰带线条连接，即完成了腰带造型。

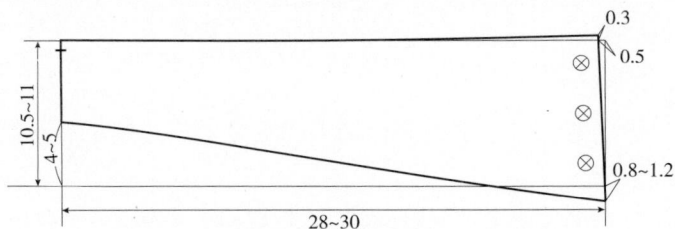

图3-2-4　西服连衣裙腰带结构制图（单位：cm）

2.西服连衣裙放缝、打剪口、做标记的要领

（1）礼服裁片面布放缝：

①放缝：连衣裙上半部分四周均放缝1cm，前后裙片除底摆放缝1.2cm外，其他缝份均为1cm。

②打剪口：缝份大于或小于1cm的部位要打剪口。连衣裙上半部分前后衣片对位处及绱袖对位处均打剪口；前衣片单剪口，后衣片双剪口。前、后裙片褶裥位处均打剪口。

③钻眼：在离腰省省尖1cm，省端点向内0.3cm的位置钻眼；腋下省省尖的钻眼也向里缩进1cm，目的是使缝制后看不到钻眼位（图3-2-5）。

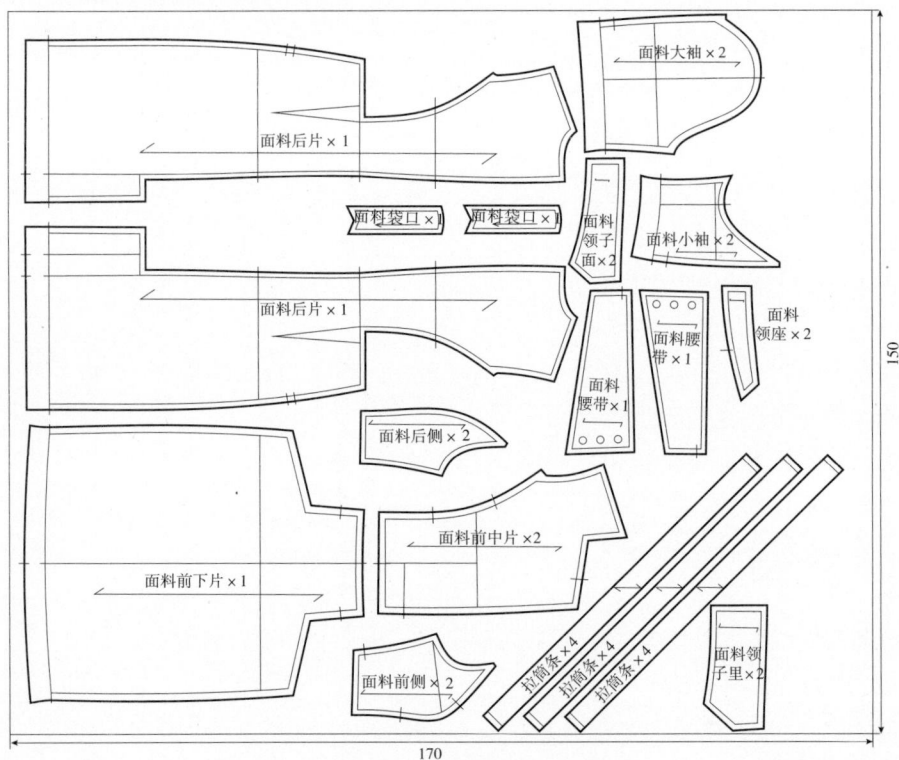

图3-2-5　西服连衣裙面料配置（单位：cm）

（2）西服连衣裙面里料的配置要领

①面、里料的丝缕与衣身相同。

②里料宜大不宜小，四周可以在毛缝的基础上放出0.2cm的松量，目的是防止因里料较小而牵制面料，影响服装外观造型。本款式里料配置不考虑松量（图3-2-6）。

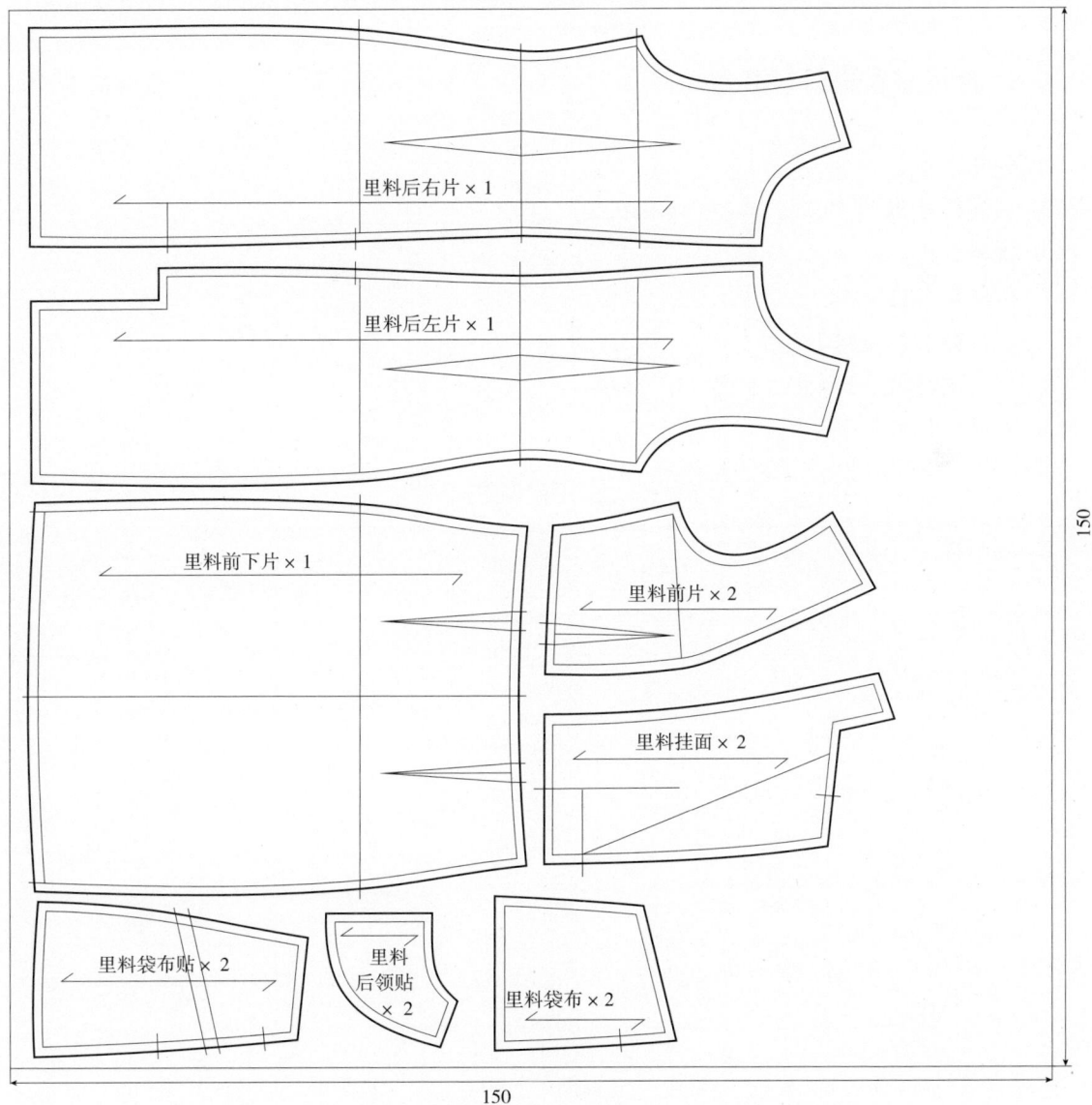

图3-2-6　西服连衣裙里料配置（单位：cm）

任务三 西服连衣裙裁剪工艺

一、西服连衣裙材料准备

1.面料
毛呢面料，长度170cm、幅宽150cm。

2.辅料
（1）里料：150cm。

（2）衬料：黏合衬150cm。

（3）扣紧材料：1条隐形拉链，长65cm。

具体材料见表3-3-1。

表3-3-1 西服连衣裙材料

材料		名称		数量
面料	前上片		前中	2片
			前侧	2片
	后片		后左片	1片
			后右片	1片
	挂面			2片
	前下裙片			1片
	袖子			2片
	腰带			2片
	口袋盖			2片
	领子		上领	2片
			下领	2片
辅料	里料	前侧裙片		2片
		前裙下片		2片
		后裙片		2片
		里襟		1片
		袖子		2片
		腰带		2片
		口袋布		2片
	衬料	黏合衬（150cm）		1片
	扣紧材料	拉链（65cm）		1条

二、西服连衣裙排料与裁剪（图3-3-1、图3-3-2）

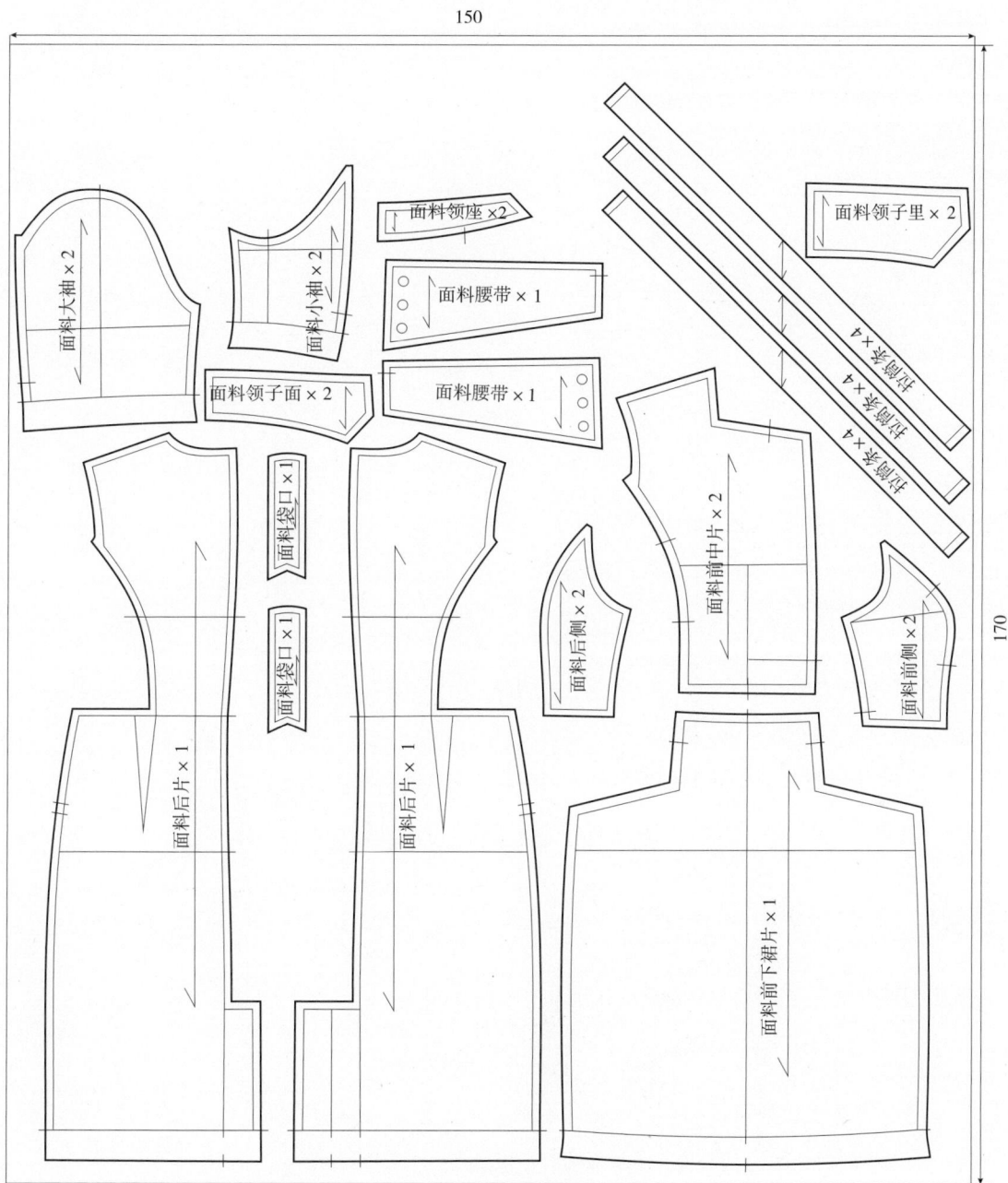

150

170

面料大袖×2

面料小袖×2

面料领座×2

面料腰带×1

面料领子面×2

面料腰带×1

面料领子里×2

拉链条×4

拉链条×4

拉链条×4

拉链条×4

面料袋口×1

面料袋口×1

面料前中片×2

面料后侧×2

面料前侧×2

面料后片×1

面料后片×1

面料前下裙片×1

图3-3-1　西服连衣裙面料排料（单位：cm）

里料后右片 × 1

里料后左片 × 1

里料前下片 × 1

里料前片 × 2

里料挂面 × 2

里料袋布贴 × 2

里料
后领贴
× 2

里料袋布 × 2

150

150

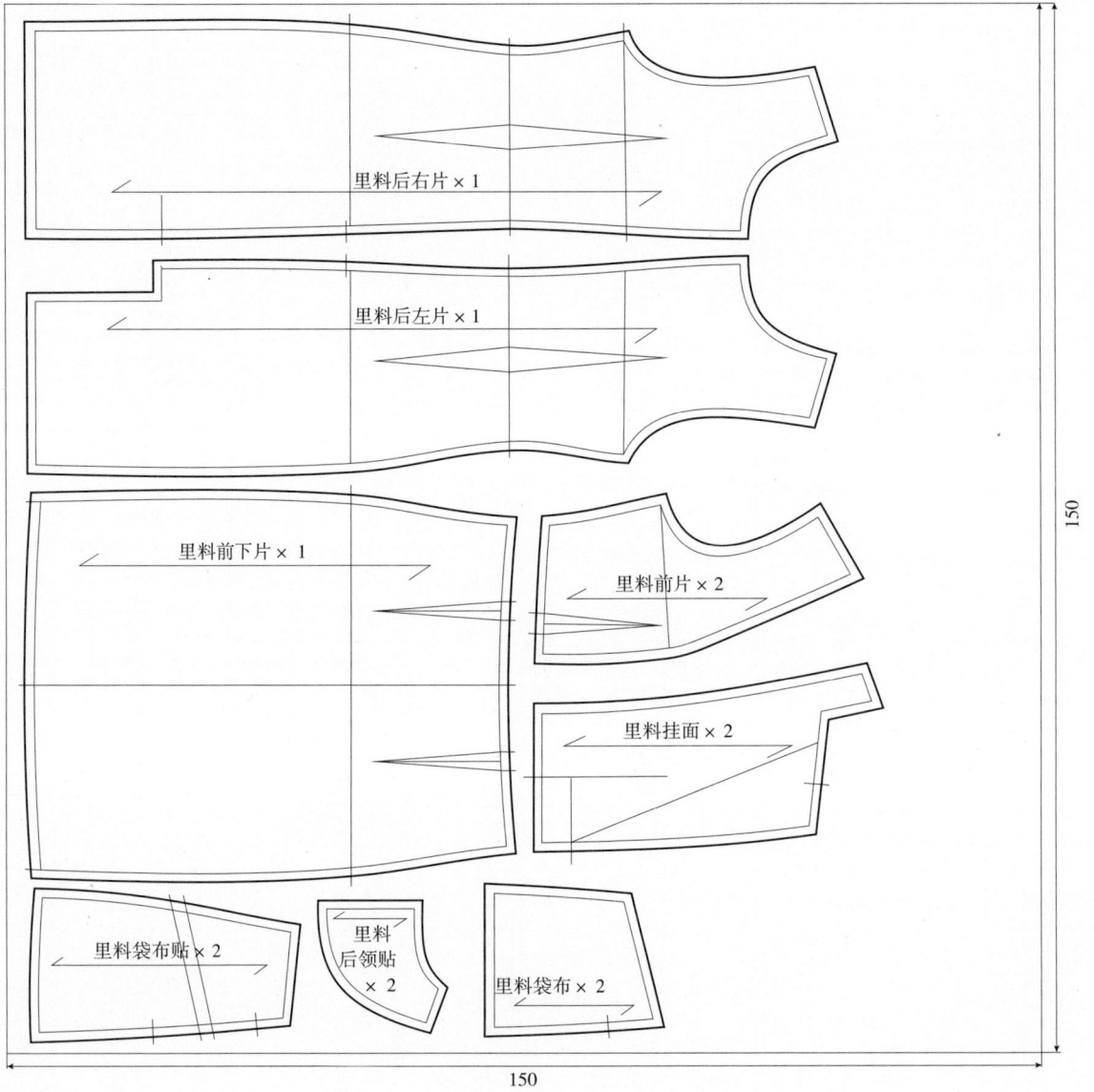

图3-3-2　西服连衣裙里料排料（单位：cm）

任务四　西服连衣裙缝制工艺

一、西服连衣裙工艺流程

样板、面料的修剪→袖子包边→衣领的修剪→腰带的缝制及熨烫→前片的缝制及熨烫→后中开衩的缝制及熨烫→前片口袋的缝制及熨烫→绱挂面→前片拼合→面、里料前后片拼合→绱西装领→绱隐形拉链→领口定位→下摆套里料→绱袖→袖窿包边（图3-4-1）。

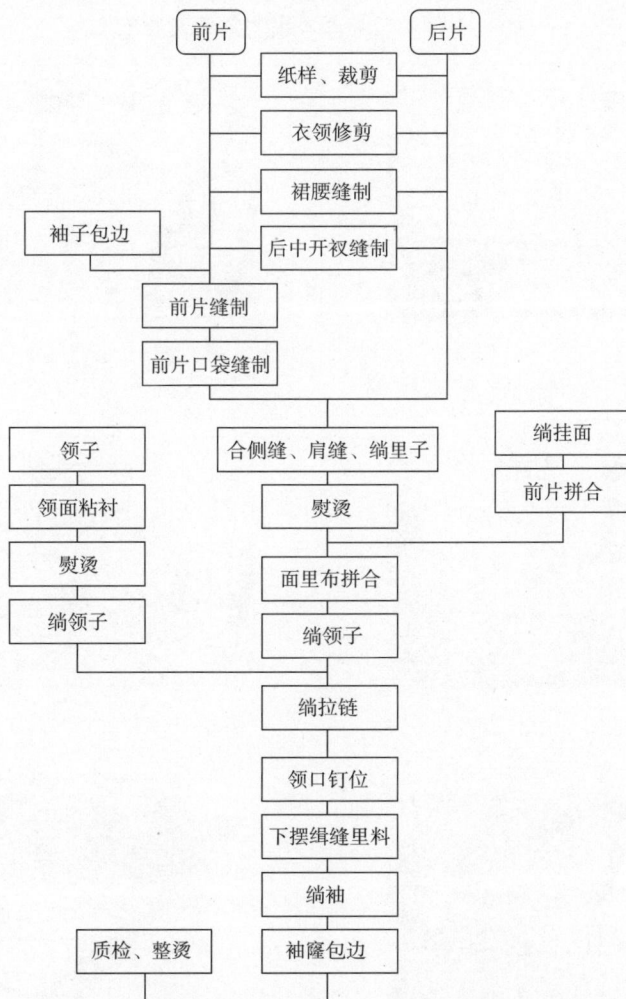

图3-4-1　西服连衣裙工艺流程

二、西服连衣裙缝制前准备

1. 针号和针距

针号为14号，针距为14～15针/3cm，调节底面线松紧度。

2. 压脚

单边压脚宽0.3cm，双边压脚宽0.5cm。

3. 止口处理

拼缝、收省、绱拉链、开衩、开袋。

三、西服连衣裙缝制步骤（表3-4-1～表3-4-18）

表3-4-1　西服连衣裙的裁片和修剪

（1）西装连衣裙排料时要先排大片，后排小片。由于连衣裙后中有开衩，且有大小片之分，在开始裁剪的时候按大片裁剪，后再修剪小片开衩。

单件裁剪时注意选择一顺裁剪

（2）在裁剪单件衣服的时候可以选择一顺裁剪，即纱向一致，裁片都是从上到下一个方向。

省道处做点位

（3）在省道处用大头针定好点位。需要打剪口处做好标记。

丝缕线也可以对轴测量

（4）确定一片裁片的丝缕后，用尺子逐一检查其他纸样纱向是否与裁片丝缕线一致。

（5）在纸样上写有"朴×2"的字样，需要先将面料剪出毛样，粘上黏合衬再进行裁剪。其他裁片就用"裁净"的方式，需要粘衬的裁片和不需要粘衬的裁片分开归置好。

（6）虚线部分也是需粘黏合衬的，由于是局部粘贴，所以"裁净"即可。

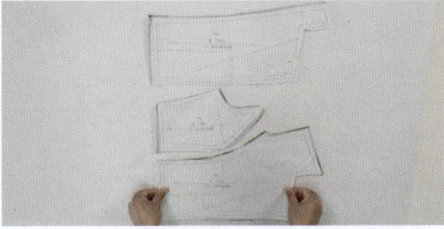

（7）黏合衬烫好后将原来的样板放回，按照净线修剪。前侧、挂面和领子及其他裁片都要修剪完毕。

表3-4-2　西服连衣裙袖子包边

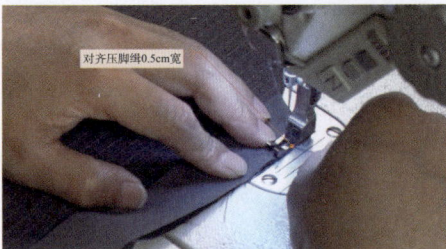

（1）袖窿拼接缝包边，准备3cm宽的斜条（可用色丁面料作为里料）。将色丁放到袖片侧缝上，绲0.5cm的缝份，斜条稍微拉紧。两端倒回车，绲完后修干净。

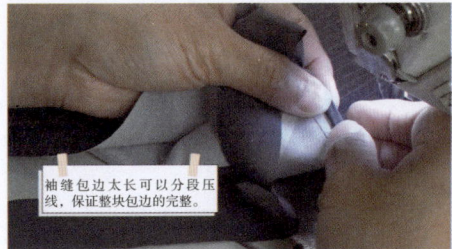

（2）把袖片翻过来，色丁折两次0.5cm宽，包干净。再翻过来绲线，前端绲一段后，翻过来再整理好拉紧，分段绲线。

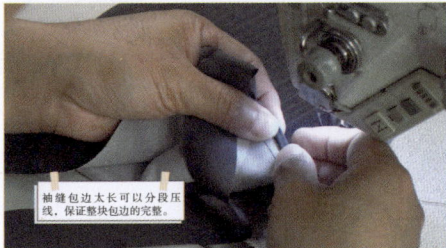

（3）将多余面料修干净，熨烫平整，其他部位也采用同样的方法。

表3-4-3　西服连衣裙袖子开衩

（1）后袖开衩长3.5cm，做记号。

（2）从做记号的位置开始起针。右手使用镊子辅助，防止面料错层。

续表

缉包边	
（3）在袖口处缉包边条固定。	（4）把袖口两边分开对折。
封开衩	
（5）袖口包边位置对着起点位置，将它封起来。	（6）两边分别缉缝起来，翻过来。
（7）袖衩完成。	

表3-4-4 西服连衣裙衣领的修剪

样板净样线	条纹面料缝线时要注意后中位置的布边和条纹要平行
（1）根据净样板修烫完后，画出净样线。	（2）因为选用的面料是条纹的，所以上下两片后中条纹对齐。

踩线的时候下面一层要松一点

（3）缉线的时候两层放平，下面一层略松。缉其余的线也一样，用镊子将下层面料往上推，面料略拉紧，领角做窝势。

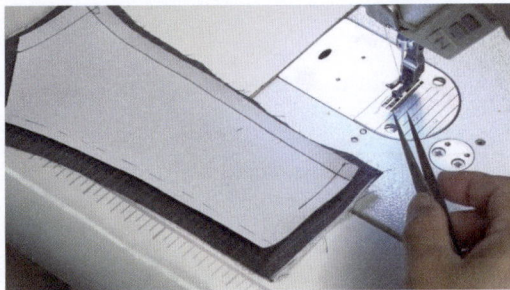

（4）由于这件衣服的领子比较特殊，后面需要缉拉链，所以要留出一部分不缉到底。

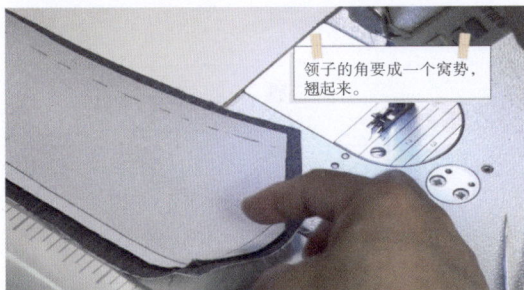

领子的角要成一个窝势，翘起来。

（5）检查领角是否有窝势，领角略微起翘，使衣身更加伏贴。

修出高低缝

（6）修剪缝份。将领里层修小至0.5cm，修出高低缝。

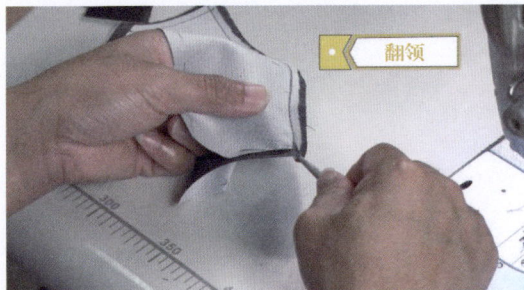

翻领

（7）用镊子夹住领角旋转翻过来。再用镊子将角挑整齐，要藏缝不露线。

（8）翻过来后熨烫平整或用斜针的针法固定。止口正面要多留0.1cm里外匀。

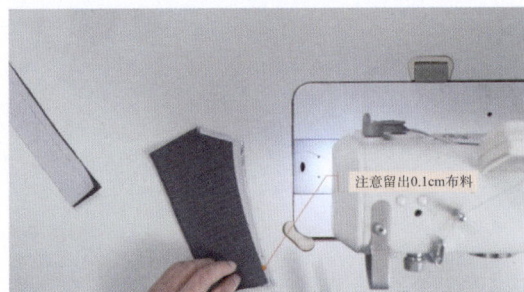

注意留出0.1cm布料

（9）修剪下领口缝份，留出0.1cm。当面、里料对齐拼合的时候可以使窝势效果更明显。

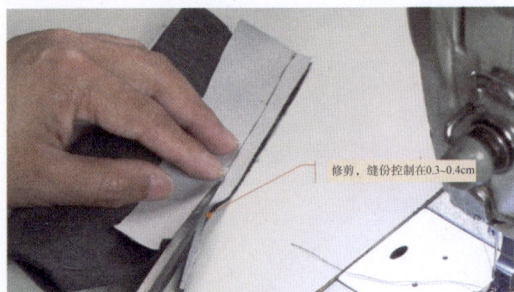

修剪，缝份控制在0.3~0.4cm

（10）拼合上下领，修剪领面缝份至0.3~0.4cm，修剪领里缝份为0.5cm。

分开压线和倒缝压线的作用

（11）领面缝份分缝压0.1cm的双线，领里压0.1cm的单线。领里的倒缝会给领子一定的支撑力，让领子翻过来更加圆顺。

（12）当下领口缝份对齐后，这样领面就比领里多1cm，较好地形成了里外匀。

表3-4-5 西服连衣裙腰带的缝制及熨烫

（1）绱缝腰带，缝份为1cm，里料略拉紧。绱缝至转角处拉紧里料，使其形成窝势。

（2）里料裁剪时略微小一点，绱缝完了面料才有松量，翻过来后不会反吐里料。

（3）全部修成0.5cm的缝份。镊子夹住领角并翻过来。

（4）用镊子将翻出的角整理好。

（5）熨烫时要将里外匀整理好，压铁及时定型。这样腰带便缝制完成了。

表3-4-6　西服连衣裙前片的缝制及熨烫

剪口与剪口之间缉一条
0.5cm宽的线。

拼缝宽度1cm

（1）前中片剪口之间缉一条0.5cm宽的线，不要求有明显的吃势，只要防止斜纱部位拉长。另一片也采用相同方法处理。

（2）前中和前侧片在拼缝前先比较长度。缉缝1cm宽的缝份。

（3）分缝熨烫好，防止出现夹缝。在袖窿处熨烫斜纱牵条。

（4）在肩缝处熨烫直纱牵条。驳领处可转弯的牵条作为直纱用（可转弯的牵条，一边是固定不变形的），可防止领角变形。

（5）前片上半部分便完成了。

表3-4-7　西服连衣裙后中开衩的缝制及熨烫

（1）开衩处烫好黏合衬修剪缝份，两边对折成三角（45°），先留一点缝份再剪掉。

（2）后中对齐，上半部分是绱拉链的不用拼缝，从剪口开始缝。

（3）在开衩转折点1.5～2cm处做记号，缉缝至这个位置。

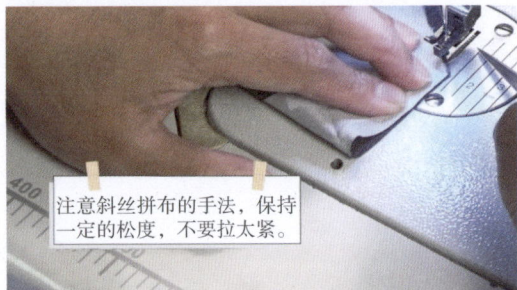

注意斜丝拼布的手法，保持一定的松度，不要拉太紧。

（4）袖衩斜丝拼缝时不宜拉得过紧，避免拉长。

熨烫时注意要分开缝。

（5）开衩需要分缝熨烫。

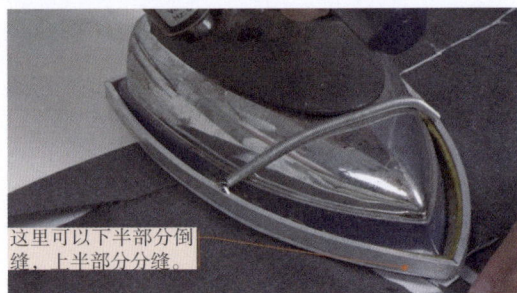

这里可以下半部分倒缝，上半部分分缝。

（6）袖衩末端位置缝份剪开，袖衩下面采用倒缝，上面袖子部分采用分缝。

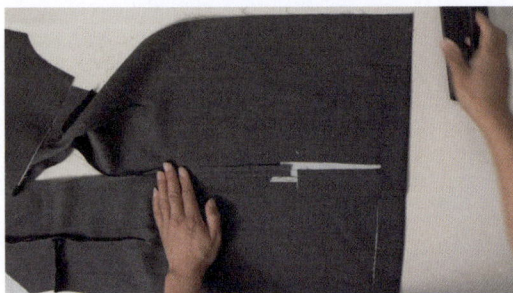

（7）将后片开衩位置、袖口折边等都熨烫好。

表3-4-8　西服连衣裙后片刀背缝拼合及熨烫

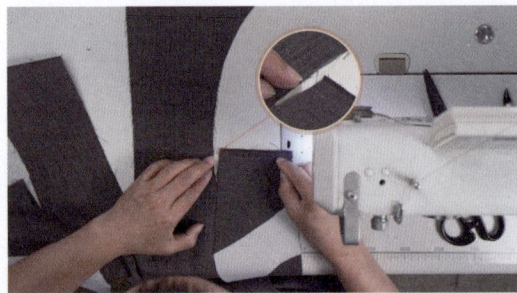

（1）后中和后侧片拼合，先把后侧片的上半部分和后中片腰节拼合。后中腰节处打上剪口。

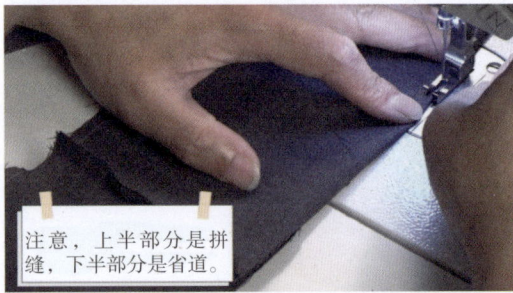

注意，上半部分是拼缝，下半部分是省道。

（2）接着拼接侧缝，上半部分是拼缝，下半部分是省道。两侧用同样的方法拼缝好。

（3）左右两片都拼完。	（4）后片上半部分先平烫缝份，再分缝熨烫。
（5）袖窿熨烫牵条防止拉长。省道向下剪开多一点，平烫。	（6）后中丝绺要保持顺直，向肩胛骨处归拢，不可向外烫。另一片也同样处理。
（7）后片的上半部分完成。	

表3-4-9　西服连衣裙前片口袋的缝制及熨烫

（1）准备袋布和嵌袋线，将嵌袋线绲到袋布上，嵌袋线宽度为1.2cm。	（2）挖口袋时口袋布与袋口绲缝1cm缝份，口袋布缝份修成0.5cm，要退出0.5cm。

找到袋角处并且做出标记

（3）缉缝到袋角处做好标记，两边缝份交叉1cm。缉缝另一片口袋布从交叉点起针。

（4）缉完口袋布，将袋角处剪开，翻过去。

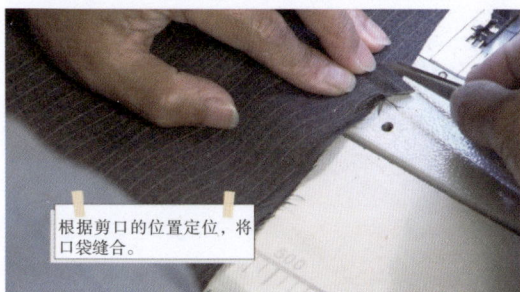

根据剪口的位置定位，将口袋缝合。

（5）把袋贴垫上，根据剪口位置将袋口缝合。

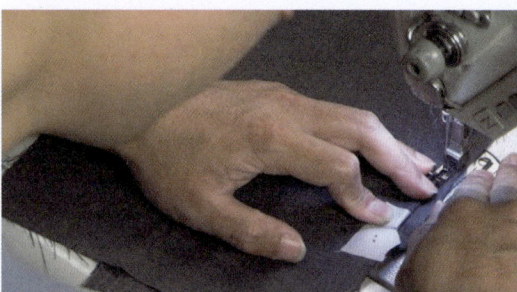

（6）翻过来将袋布和袋布对齐，缉缝至嵌袋线处（插袋口）。

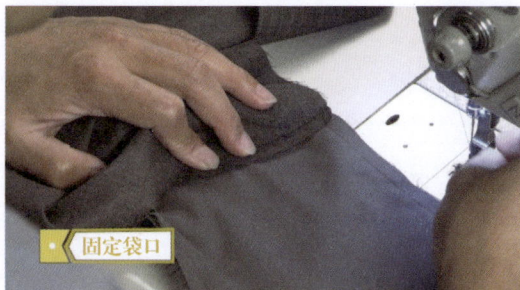

固定袋口

（7）再翻回来检查无误后将口袋布三周缝好。固定袋口时将针距调长。

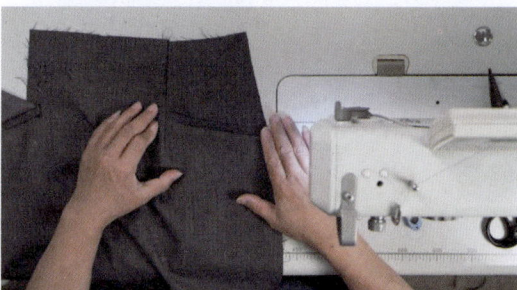

（8）左边口袋参照右边的方法缝制。

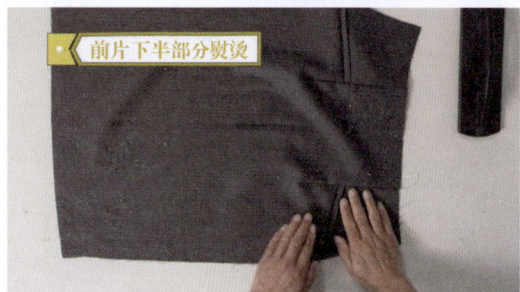

前片下半部分熨烫

（9）前片下半部分完成后进行熨烫。先将反面的口袋布烫平。

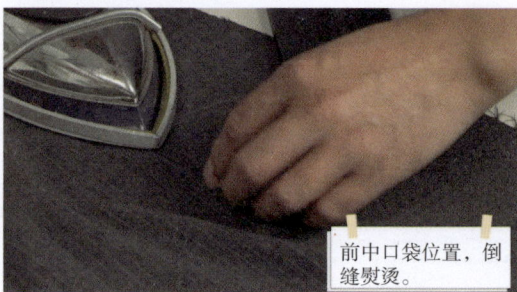

前中口袋位置，倒缝熨烫。

（10）侧缝与袋布对齐，前中口袋位置采用倒缝熨烫，倒向前中。

（11）修剪腰口弧线，前片口袋便处理好了。

表3-4-10　西装连衣裙绱挂面

（1）西装连衣裙的挂面要有里外匀，面料比里料要大0.3~0.4cm。

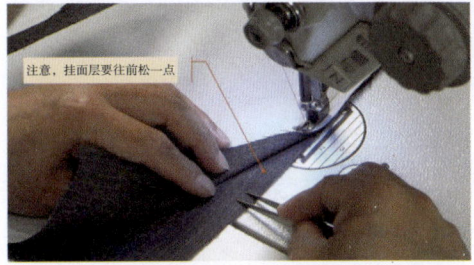

注意，挂面层要往前松一点

（2）在拼至翻驳领领口处，挂面层要向前送松一点，缉完后让驳角处形成一个明显的窝势。

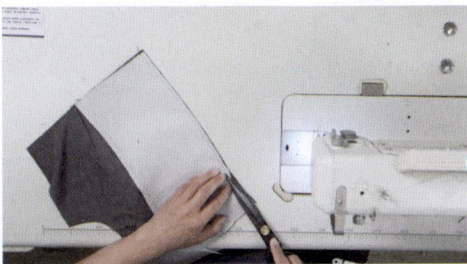

（3）修剪驳领止口至0.5~0.6cm，再修高低缝，将挂面缝份修至0.3cm。

（4）熨烫挂面，注意止口腰节向上5cm平烫，再向上部分烫出里外匀，挂面完成。

表3-4-11　西服连衣裙前片拼合

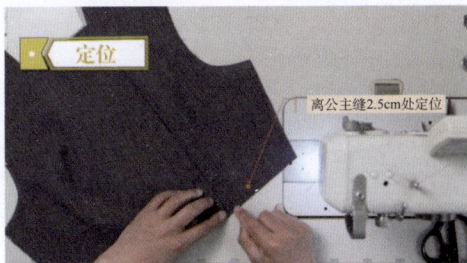

定位

离公主缝2.5cm处定位

（1）将上衣前片进行固定，右门襟距离公主线2.5cm处缉缝固定。

续表

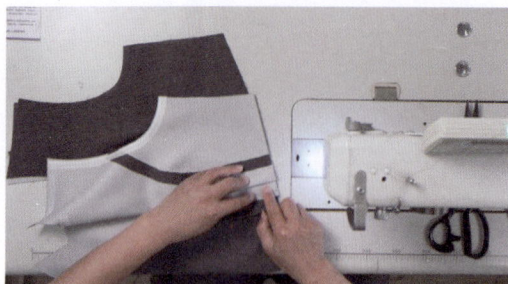

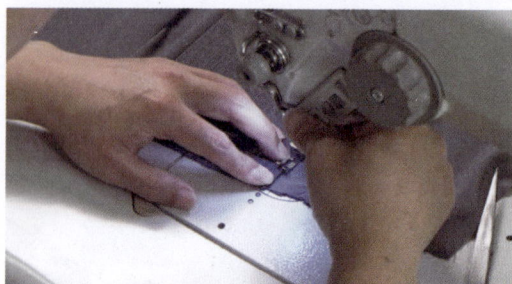

（2）缉缝完翻开右边面料，将右侧驳领和面料固定。再将整片翻到反面，在腰节上方3cm处缉缝驳头止口。

（3）定位完成后拼里料，将里料正面与正面相对拼缝1cm。缝完的里料略短，需要借缝。缉缝至省道位置结束，另一边也同样固定。

（4）下片省道的借缝与上片公主缝正好对齐，与里料一起缉线，三层面料叠放整齐。

（5）拼完后再将面料的两端拼好。

（6）前裙片的上下面里料都拼合完成。

表3-4-12　西服连衣裙面、里料前后片拼合

（1）把前片放在后片上面，下摆对齐缉缝。由于连衣裙比较长，缉缝一段距离后比较一下长短。拼完后拼肩缝。

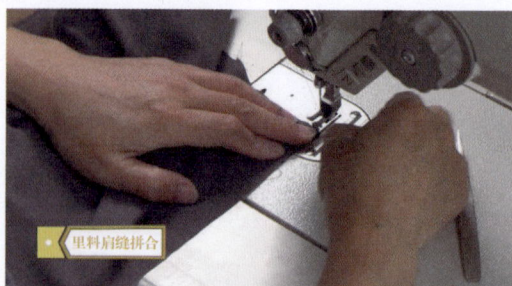

（2）面料拼完后，将里料的肩缝、侧缝拼合。

里料肩缝拼合

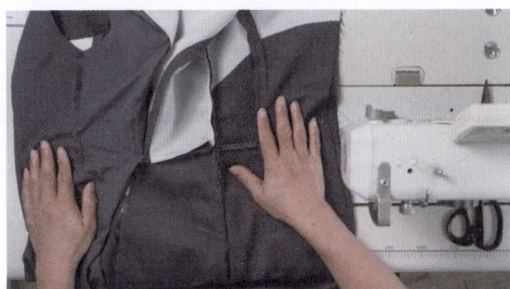

（3）前后片的面、里料便拼合完成。

表3-4-13　西服连衣裙绱领

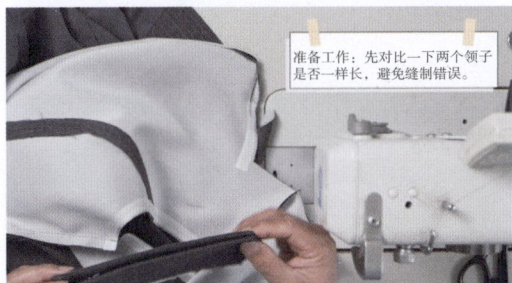

准备工作：先对比一下两个领子是否一样长，避免缝制错误。

（1）绱领前先比对一下两边的领子大小，避免缝制时产生错误。

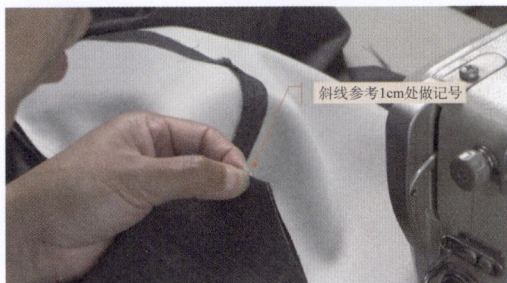

斜线参考1cm处做记号

（2）在领角1cm缝份处做记号，这是为了使左右两边领角大小保持一致。

（3）绱领是领面和挂面相对拼合，挂面和衣身做的记号是相拼接的点。

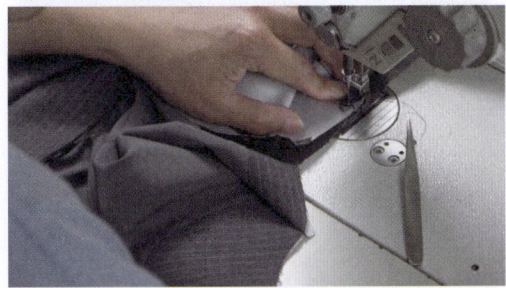

（4）翻开领子，在做记号位置的反面也做上记号，驳领里面的缝份倒向领里缉缝。

这个位置挂面需要剪开

（5）在图中标识位置画出0.8cm的缝份，挂面需要剪开，缝到挂面处就要将领角转过来。

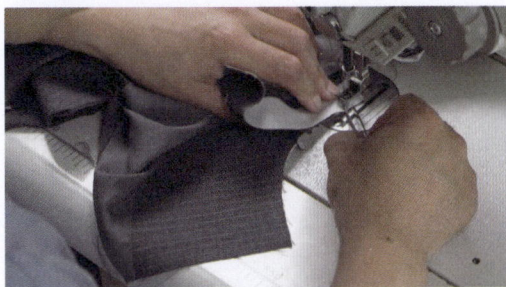

（6）转过来后将领圈拼合完整。

（7）接下来缝领里，同样画好记号，缝到挂面处剪开转过去。	（8）右边的领子绱好，左边的领子参照右边来进行。

表3-4-14　西服连衣裙绱隐形拉链

准备工作：检查拉链是否完好，检查拼缝长短是否一致，领口两条线是否对齐等。	
（1）检查拉链是否完好，拼缝的长短是否一致，绱领线是否对齐等。	（2）从领口开始绱，在领座向上1cm处做好记号。绱拉链时要将拉链齿向左拨开。
在缝位对齐的地方打一个剪口	
（3）右边拉链绱好后绱左边拉链，在腰部对齐的地方打剪口。	（4）用同样的方法绲缝拉链。翻过来检查拉链的缝制情况，若拉链平整顺滑，则拉链就绱好了。

表3-4-15　西服连衣裙领口定位

领口定位	
（1）西装领的面、里领固定后用手针定位。肩缝对肩缝，针距为1.5cm。	（2）后中绱拉链，避免拉链被牵扯到，需要从肩缝开始向后中方向定。

续表

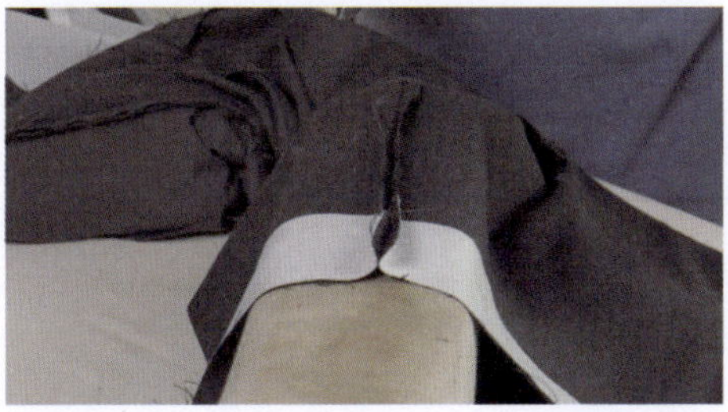 （3）前后片拼合后进行整体熨烫，熨烫前先修剪线头。大部分部分缝烫，在口袋处进行倒缝烫。腰带向前，缝份向后做倒缝。	 （4）里料倒缝熨烫，前片向后倒。最后熨烫下摆。

表3-4-16　西服连衣裙下摆缝里料

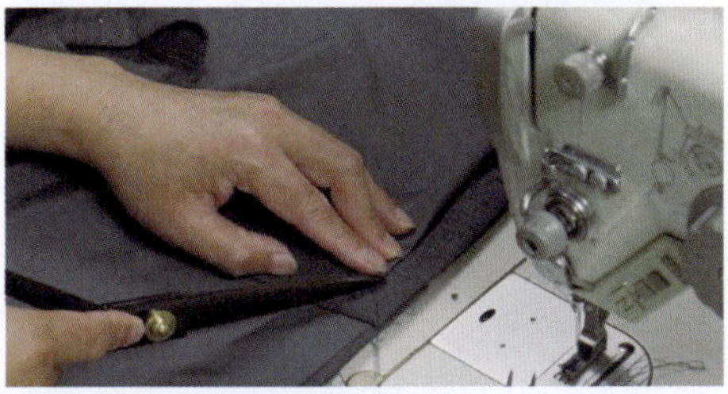 （1）下摆里料、面料理顺，里料对折一段与面料对齐。在对折处做记号，打个剪口。	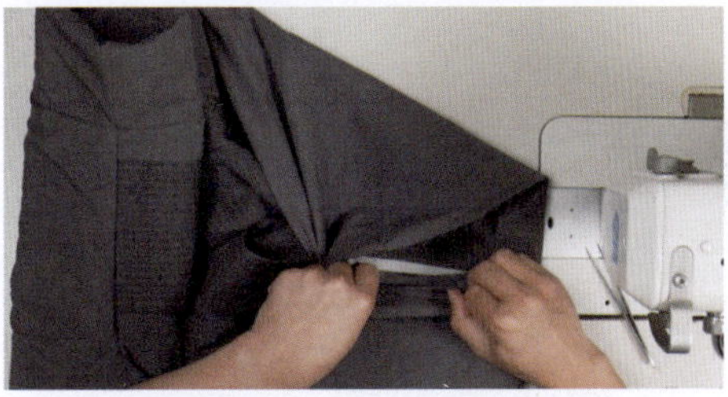 （2）翻到里料内侧。
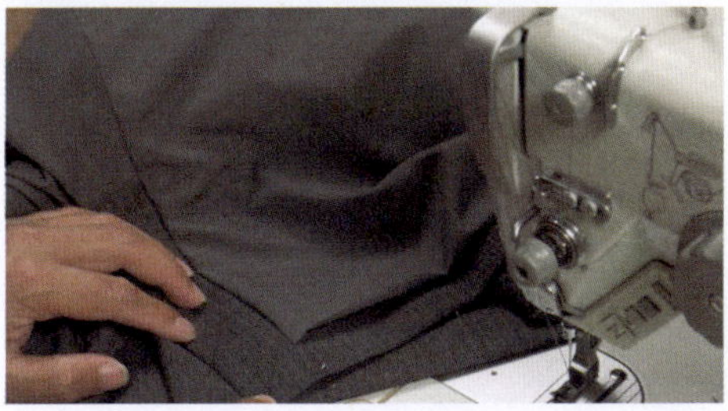 （3）拼完后如图所示，另一边的里料拼缝时需要跟这边的对比一下长度是否一致。	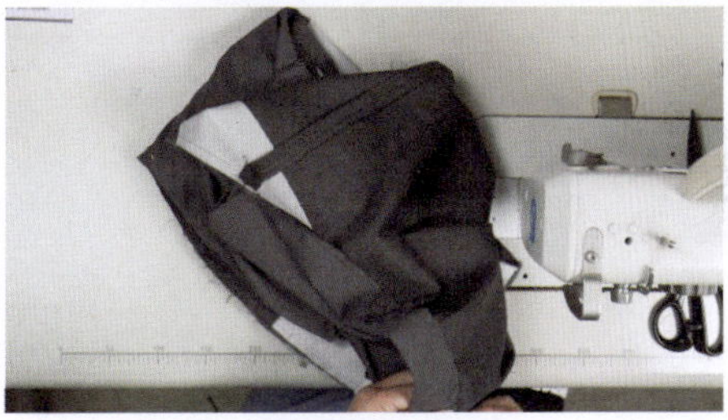 （4）缉缝完里料后，手工绷缝底摆。

表3-4-17　西服连衣裙绱袖

 （1）袖子跑线，抽面线，做出袖窿吃势量。	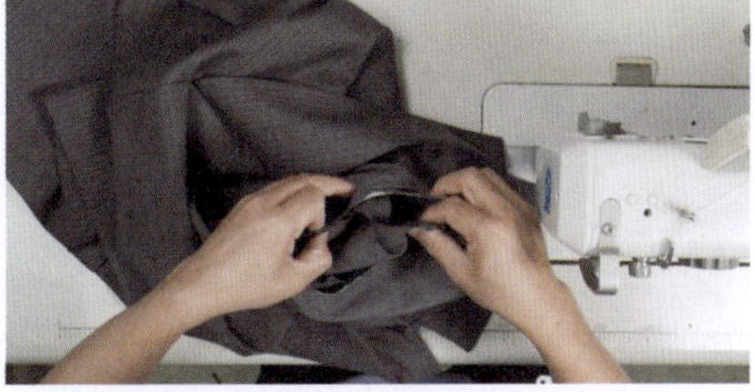 （2）固定袖窿的面、里料，缉缝0.5cm缝份。对比一下袖子和袖窿的长度。

（3）袖子拼好后检查缝线是否有问题，袖山是否饱满。

表3-4-18　西服连衣裙袖窿包边

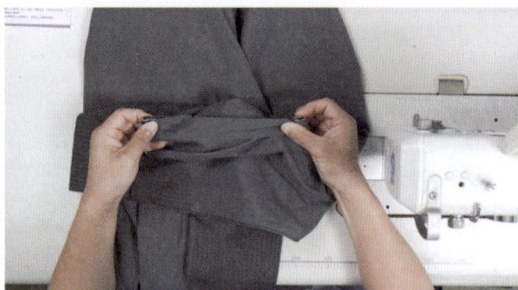

（1）准备一根宽3cm的袖窿斜丝包边条，比袖窿短3~4cm，绱缝成一圈。

（2）绱缝包边条，袖窿包边完成。

四、西服连衣裙外观质量要求

原材料检测项目和要求，以及关键部位缝制质量要求见表3-4-19、表3-4-20。

表3-4-19　原材料检测项目和要求

检测项目	质量要求
面料	检查面料的颜色、质地，注意是否有色差，是否有织物疵点
里料	检查里料的颜色、质地，是否有织物疵点、破洞，是否外露等
拉链	试验拉链的开合是否顺畅，自锁等功能是否完好，拉链的绱缝是否平服美观，拉链齿不能有松、掉、脱落、锈蚀等损坏现象
黏合衬	粘黏合衬的部位不允许有脱胶、渗胶、起皱、起泡、沾胶
绲条、压条、腰带襻	绲条、压条松紧度适中、平服；带子宽度均匀，腰带襻分布均匀，线头要修剪干净

表3-4-20 关键部位缝制质量要求

部位名称	缝制质量要求
衣领	（1）领尖、领驳口两边对称，驳口角度一致，下片不外露 （2）衣领上片或下片要平整，领内贴边要固定，左右领角、领座高低一致 （3）下领线不外露、不扭曲、不起皱，领外口线缉缝顺直、松紧适宜
前片	（1）前门襟顺直、平整，挂面不起吊，门襟不能有波浪，不扭曲 （2）门襟长度要一致，左右门襟不能有高低之差 （3）驳头自然平服，驳口顺直，领嘴豁口大小一致，驳头左右对称，串口顺直 （4）胸部丰满，左右对称，内衬伏贴，不起皱
肩部	肩缝要顺直、牢固，拼缝无扭曲拉开现象；合肩缝要特别加固
大身省、衩	（1）省道长短要一致，省尖要平整，倒向一致 （2）衩要平服，左右衩长短要一致（注意衩的垂吊性） （3）衩的顶部要固定好，衩的面料、里料定型要好
口袋	（1）口袋角不够牢固的要打套结，袋角要方正（特殊设计除外） （2）左右口袋大小要一致，高低要一致，口袋要平服 （3）左右袋盖宽度要一致，嵌线宽度一致，袋盖不外翻 （4）注意口袋的后整理，袋角无线头
后片	（1）后身要平服，后身背缝要平整 （2）后袖窿需要归拢的部位归拢后两边要对称 （3）后身下摆不能有波浪、高低不平 （4）后领窝无拉开现象和无特殊工艺外的抽皱现象
袖子	（1）袖子要自然垂下，两边朝前的角度要一致 （2）袖山要圆顺，袖山有抽褶的两边要对称 （3）袖缝要顺直，不起皱，不起吊；袖子两边长短一致，里料不能太长或太短 （4）袖口、袖肥大小左右要一致
里料	里料不能太紧或太松，长度要均匀一致，里料后背褶要平服，吃势要一致
袋口	（1）袋口平服，缉线宽窄一致，袋口松紧适宜，进出高低一致 （2）左右对称，位置准确
裙衩、裙摆	（1）裙衩平服，不起吊。叠衩不外露，不豁不搅，盖衩角不反翘 （2）裙摆顺直，不起浪，不起角

整体外观检测项目及要求如表3-4-21所示，西装连衣裙成品如图3-4-2所示。

表3-4-21 整体外观检测项目及要求

检验项目	质量要求
整烫检验	检查成衣整烫是否平服，无极光，无水渍，无烫黄，无污渍
纬斜、歪斜	成衣的纬斜、歪斜按照标准要求计算
色差检验	按照标准要求检测成衣不同部位的相同面料是否有色差。如果为套装，还应该检测上下装的色差
拼接检验	特殊设计的拼接不考核，应特别注意正装产品对拼接的要求

续表

检验项目	质量要求
缝制检验	检验缝份是否平服，宽度、包缝是否符合要求；是否有抛线、跳针、短线、漏针，缉明线是否顺直，宽窄是否一致，松紧是否适宜；绳条、压条是否平服；检测针距密度是否符合标准要求
锁钉检验	检验扣眼的规格，锁眼质量是否符合要求，检验钉扣是否牢固，缠脚高度是否适宜
修剪检验	检查成衣的线头是否修干净，扣眼是否干净，特别是面料或里料稍透的，要看清里面的线头或杂物是否干净，里边的缝份宽窄要一致

图3-4-2　西服连衣裙成品